MATHEMATISCHE GEOGRAPHIE UND ASTRONOMIE

für die Oberprima der Realanstalten
(und für Studierende zur Einführung)
in geschichtlicher Entwicklung

Von

E. WEIGHARDT

MÜNCHEN U. BERLIN 1924

DRUCK UND VERLAG VON R. OLDENBOURG

Vorwort.

Das Bestreben und die Forderung in den mathematisch-naturkundlichen Fächern, deren Geschichte für den Unterricht zu verwerten, sind schon alt. Die neuesten Lehrpläne haben diese Forderung im Pensum der Oberprima für Mathematik aufgenommen, für die Naturwissenschaften leider nicht. Die Schulbücher für Physik enthalten schon lange die Namen der Entdecker oder Erfinder, und einige geben auch eine Geschichtstabelle. Auch die Mathematikbücher versäumen nicht die großen Mathematiker gelegentlich zu nennen. Dabei ist es aber geblieben. Die geschichtliche Entwicklung zum Ausgangspunkt für die Methodik, wenn auch nur in einzelnen Teilen zu machen, ist nie versucht worden. So wie es jetzt ist, erfahren die Schüler eine Menge Namen großer Mathematiker, Astronomen, Physiker usw. in bunter Reihe. Dadurch wird der Gedächtnisstoff noch vermehrt, für die geschichtliche Entwicklung, für deren Bedeutung fürs Fach, für den ganzen Unterricht ist nichts gewonnen. Cardano, Napier, Descartes, Kepler, Leibniz hätten gerade so gut anders heißen und zu anderen Zeiten leben können. Dem Schüler bleiben die Daten ein krauses Durcheinander. Ihr Interesse für den Stoff wird nicht geweckt oder erhöht. Zu einer Wissenschaftsgeschichte und deren Würdigung und Verständnis gelangen sie nicht und eine Einreihung in die üblicheWeltgeschichte ist ihnen unmöglich, scheint doch auch jede Brücke zwischen den Daten aus der Geschichte der mathematisch-naturkundlichen Fächer einerseits und denen der Weltgeschichte andrerseits zu fehlen. Der Wert der geschichtlichen Notizen ist somit mehr als problematisch. Und doch ließe sich durch eine richtige Gestaltung des Stoffes für die einzelnen Fächer vieles zur gegenseitigen Befruchtung gewinnen. Ein Beispiel andeutungsweise: Im 13. und 14. Jahrhundert erkennt man die Richtungsfähigkeit der Magnetnadel und entdeckt ihre Verwendung als Kompaß. Dies spornt die Seefahrer zu kühneren Fahrten an, es erwächst aber für sie die Notwendigkeit, die Lage ihrer Schiffe im weiten Ozean genauer bestimmen zu können. Dies ruft einen Aufschwung der Astronomie und eine Neugestaltung und Weiterbildung der Trigonometrie hervor, vertreten durch Peuerbach und Regiomontanus (Ephemeridentafeln. Einführung des Sinus, Kosinus und Tangens mit Tafeln). Die immer umständlicher werdenden astronomischen und trigonometrischen Rechnungen drängen im folgenden 16. Jahrhundert zu einer Vereinfachung des Rechengeschäfts. Die Frucht dieser Versuche ist die Erfindung der Logarithmen. So greift eins ins andere, ein Problem zieht das andere nach sich.

Diese Erkenntnis wird ihren Reiz auf die Schüler nicht verfehlen. Ist doch die Entwicklung des Menschengeistes vielleicht das packendste Problem überhaupt. Wie ist aus dem Urmensch der Kulturmensch geworden? Wie werden aus Beobachtungen und Erfahrungen im Laufe der Jahrhunderte Kenntnisse? Wie machte der Mensch Anstrengungen die Naturerscheinungen zu deuten, ihr Wesen zu erfassen! Welchen Täuschungen war er oft ausgesetzt und welche Irrwege mußte er gehen, bis er den richtigen Weg fand; oder auf welchen Umwegen gelangte er zu Wahrheiten, die wir heute gerade Wegs und leicht finden!

Der Unterricht in der Weltgeschichte und in der Naturkunde könnten und sollten sich gegenseitig unterstützen. Wie bezeichnend ist es für die Zeit Galileis, daß seine Kollegen in den aristotelischen Anschauungen befangen waren und sich durch den Augenschein nicht überzeugen lassen wollten, sich gegen seine Fallgesetze auflehnten und absolut nicht durch sein Fernrohr schauen wollten. Ferner wie lehrreich ist es für den Fachmann dem Gedankengang z. B. Galileis nachzugehen, den er bei der Untersuchung des freien Falles einschlug. Unsere Methodik könnte heute noch viel lernen.

Man hält uns Mathematikern und Naturwissenschaftlern vor, wir treiben Realia und keine Humaniora. Es leugnet niemand, daß unsere Fächer geist- und verstandbildend sind, aber das Gemüt bleibt kalt dabei. Wer nicht gerade für unsere Fächer veranlagt ist, schätzt ihren allgemein bildenden Wert

nicht. Ich glaube entschieden, daß, wenn wir grundsätzlich
und methodisch auf den Werdegang unserer Realwissenschaften
eingehen werden, sie den Schülern menschlich nähertreten,
und sie werden wirklich Humaniora.

Unter den mathematisch-naturkundlichen Fächern ist die
mathematische Geographie und Astronomie ganz besonders
dazu angetan, in ihrer geschichtlichen Entwicklung im Unterricht behandelt zu werden. Der Grundsatz, erst die Erscheinungen kennen lernen und dann ihre Erklärungen suchen, deckt
sich im großen und ganzen mit der Entwicklung der Wissenschaft selbst. Auch die ältesten Erklärungsversuche lehnen
sich eng an den Augenschein an. Die Abstraktionen setzen
erst allmählich ein. Die Erdscheibe mit dem halbkugeligen
Himmelsgewölbe sind Jahrtausende das Weltbild der Babylonier
und Ägypter geblieben. Erst Anaximander konstruiert sich
die Himmelskugel und die Pythagoräer die Erdkugel. Allein
viel weiter reichte das Abstraktionsvermögen der Alten nicht.
Die größten Geister des Altertums blieben befangen in dem,
was der Augenschein lehrte. Das heliozentrische System des
Aristarch hielten sie für absurd. Erst mit dem Beginn der Neuzeit löst sich's wie Schuppen vor dem geistigen Auge. Es geht
der Menschheit nach der Entdeckung Amerikas wie dem Jüng-
ling, der in beschränktem, einengendem Kreise in altfränkischen
Anschauungen großgezogen in die Fremde kommt und nun
erst umlernen muß. Ohne mannigfache Reaktionen geht es
da nicht ab. Aber ist das Auge einmal frei und der Blick offen
für das Neue, so werden die Fesseln gesprengt und der Geistes-
flug nimmt einen Aufschwung, erst langsam und zögernd,
dann immer höher und kühner, ohne sich dabei im unermeßlichen Weltraum zu verlieren. So ist die Geschichte der Astronomie ein Stück Menschheitsgeschichte. Sie ist ein Stück der
Kulturgeschichte, der Geschichte der Mathematik und Naturwissenschaften, ein Stück der Geschichte der Philosophie. Sie
ist damit ein Konzentrationsgebiet für die Schule, wie sich
kein zweites besseres finden läßt. Sie und neben ihr die geschichtliche Entwicklung der Geologie in Verbindung mit der Deszen-
denzlehre einerseits, anderseits die Infinitesimalrechnung mit
dem Hinweis auf den Infinitesimalgedanken in den Natur-

wissenschaften (unendlich kleine Veränderungen beim Wachstum, unendlich kleine Veränderungen in der Geologie, Zellen
und Atome) — ich kann mir kaum einen schöneren Abschluß
für die mathematisch-naturwissenschaftlichen Fächer in unseren
höheren Schulen denken.

Im vorliegenden Buche habe ich es nun unternommen,
die Elemente der mathematischen Geographie und Astronomie,
soweit sie ein Primaner verstehen kann auf geschichtlicher
Grundlage vorzutragen. Eine Geschichte der Astronomie ist
das Buch deshalb noch lange nicht. Die methodischen Ge-
sichtspunkte verlangen vielfach andere Anordnung. Wie weit
mir diese geglückt ist, muß der Fachlehrer, der gleichen Ideen
huldigt, entscheiden. Nur einem Vorwurfe möchte ich von
vornherein entgegentreten. Es ist die Fülle des Stoffes. Allein
erstens, ein Buch, das man dem Oberprimaner in die Hand
gibt, darf mehr enthalten als im Unterricht behandelt wird.
Zweitens, wenn die mathematische Geographie in O III oder
U II schon gründlich dem Standpunkt dieser Klassen entsprechend durchgenommen war, dann darf man eine große
Anzahl von Paragraphen zur Wiederholung dem Primaner
selbst überlassen, oder sie können hier sehr rasch erledigt
werden. Die Vollständigkeit verlangt aber ihre Aufnahme
auch in diesem Buche. Drittens eine Reihe von besonders
mathematischen Entwicklungen sollen den Mathematiker anregen, sie als Übungen in seinen Stunden durchzunehmen.
Dazu gehören die Hipparchsche Sonnenbewegung, die Libration
des Mondes, Zeitgleichung u. a. Die Abschnitte über die physische Beschaffenheit der Planeten und Sterne oder die Kosmo-
gonien werden auch im Unterricht schwerlich den breiten
Platz finden. Aber das Buch soll den Primaner zu eigener
Lektüre anregen.

Natürlich ist es auch nicht meine Meinung, daß alle geschichtlichen Einzelheiten unbedingt notwendiger Memorier-
stoff sind, über die der Schüler im Abiturium Rechenschaft
ablegen müßte. Eine Übersicht über die Geschichte sollte er
haben und somit auch die Namen der größten Astronomen
und ihre Zeit kennen. Sie haben der Menschheit mehr Dienste
geleistet, als manche, deren Namen unsere Welt- oder Literatur-

geschichten zieren. Eine Schande ist es natürlich nicht, wenn man sich auch die weniger Großen merkt.

Das Buch ist zunächst gedacht als Leitfaden für den Unterricht. Selbstredend wird es auch einem wiß- und lernbegierigen Laienpublikum oder auch einem Studierenden zur Einführung gute Dienste tun.

Die erste Anregung zu meinen Bestrebungen verdanke ich einigen Aufsätzen des früh verstorbenen, bedeutenden badischen Schulmannes P. Treutlein, sodann einzelnen Arbeiten Siegmund Günthers, vornehmlich seinem Buche: „Grundlehren der mathematischen Geographie und elementaren Astronomie." Aus der einschlägigen Literatur benutzte ich: Rud. Wolff, Geschichte der Astronomie (leider vergriffen); Die Astronomie unter Redaktion von J. Hartmann; Darmstädter, Handbuch zur Geschichte der Naturwissenschaften; Dannemann, Die Naturwissenschaften in ihrer Entwicklung; Troels-Lund, Himmelsbild und Weltanschauung (eine Lektüre die man jedem nur empfehlen kann); Boll, Das astronomische Weltbild; Ferd. Meisel, Wandlungen des Weltbildes und des Wissens von der Erde; Arrhenius, Das Werden der Welten (alte und neue Folge); Zehnder, Der ewige Kreislauf des Weltalls; Astronomischer Kalender 1924, herausgegeben in Wien; Plaßmann, Himmelskunde; O. Hartmann, Astronomische Erdkunde; Wagner, Lehrbuch der Geographie I. Engelhardts Weltbild und Weltanschauung habe ich erst während der Drucklegung dieses Leitfadens kennen gelernt. Der Paragraph 37 »Araber« ist zum großen Teil von Prof. Dr. J. Ruska. Auch Herrn Prorektor Dr. Wieleitner bin ich für manchen Rat Dank schuldig, und dem Verlag für die Aufnahme der zahlreichen Figuren.

Mannheim, Februar 1923.

E. Weighardt, Professor.

Inhaltsübersicht.

I. Teil.

Die Entwicklung des Weltbildes im Altertum.

A. Die Erscheinungen vom geozentrischen Standpunkt aus.

§ 1. Entstehung der astronomischen Betätigung. Von dem Zeitpunkt an, wo die Menschheit das Bedürfnis hatte, sich auf der Erde der Zeit und dem Raume nach zurechtzufinden, war sie darauf angewiesen, den Lauf der Gestirne zu beobachten. Auf- und Untergangspunkte der Sonne, später ihr Kulminationspunkt und die Richtung des kürzesten Schattens, und noch später die Richtung nach dem Polarstern waren ihre Wegweiser, der regelmäßige Lauf der Gestirne, die den Tag und die Nacht regieren, ihre Uhrzeiger. Aber so einfach sind die Verhältnisse nicht. Auf- und Untergangspunkte und -zeiten der Sonne und des Mondes sind veränderlich. Die Richtung des kürzesten Schattens ist nicht so leicht zu bestimmen. Sodann hängt das Leben des Menschen nicht bloß vom Wechsel von Tag und Nacht ab, von viel größerer Bedeutung ist der Wechsel der Jahreszeiten. Die Kenntnis der Länge des Jahres war eines der ersten und wichtigsten Probleme, das zu lösen die Natur dem Menschen aufzwang. Und wie wichtig diese Kenntnis dem Menschen galt, beweist schon dies, daß die höchsten Feste in den verschiedensten Glaubensbekenntnissen, so verschleiert es auch in den religiösen Kulten erscheinen mag, Festtage sind, die den Wechsel des Jahres und der Jahreszeiten bezeichnen.

War nun das Auge einmal gewohnt, nach dem Himmel zu schauen, um die Stellung der Sonne und des Mondes zu erkunden und zu beobachten, so mußte ihm auch die regelmäßige Bewegung der übrigen Sterne auffallen, und der Mensch mußte zur Erkenntnis gelangen, daß durch den Vergleich der gegenseitigen Stellung von Sonne, Mond und Sternen die Länge des Jahres sich genauer ermitteln läßt. Daher wurde das sorgfältigste Studium der Gestirne überhaupt und ihrer Bewegung zu einer der vornehmsten Beschäftigung der Priester, die bei den ältesten Völkern die Träger und Förderer des geistigen Wissens waren.

Am frühesten gelangten die Völker Mesopotamiens und des Niltales zu einer brauchbaren Kenntnis des Laufes der Gestirne, so daß sie den Wechsel der Jahreszeiten, des Jahres, ja sogar schon Sonnen- und Mondfinsternisse voraussagen konnten. Es ist dies kein bloßer Zufall. In den ausgedehnten, fruchtbaren Ebenen wird der Mensch schon sehr früh zum Ackerbau und damit zur Seßhaftigkeit übergegangen sein. Der Ackerbau hängt vom Wechsel der Jahreszeiten ab und verlangt schon recht genaue Kenntnis ihrer Dauer. Sodann ist in diesen Breiten bei der Trockenheit der Luft der Himmel fast stets völlig klar und die Atmosphäre so dunstfrei, daß das unbewaffnete Auge Sterne sieht, die wir nur mit Fernrohren beobachten können.

§ 2. Ältestes Weltbild. Thales von Milet. Bei dem Versuch, die gewonnenen Erkenntnisse zu beschreiben, um sie den späteren Geschlechtern zu übermitteln, mußte sich allmählich eine Vorstellung, ein Bild von der Gestalt und später von der Größe des Himmels und der Erde entwickeln. Wir werden uns nicht wundern, wenn dieses Weltbild bei den ältesten Völkern ein sehr beschränktes, unvollständiges und kindliches war. Es entspricht völlig dem Augenschein, den einfachen sinnlichen Wahrnehmungen, die ein denkender aber noch ungeschulter Mensch macht, der aus eigener Erfahrung oder vom Hörensagen weiß, daß alles Land vom Wasser umgeben ist. Mit geringen Unterschieden ist es den älteren Babyloniern, Persern, Ägyptern und Griechen gemein.

Die Welt ist ihnen eine große Halle; den flachen, kreisrunden Boden bildet die Erde, die Ländermasse umflossen vom Ozean. Halbkugelig ist die Himmelsfeste (Firmament) darüber gestülpt. Die Gestirne steigen aus dem Ozean auf, beschreiben täglich ihre Bahnen am Himmel, und tauchen im Westen im Meer unter, um dann auf Nachen, verborgen hinter den nördlichen Bergen, zu ihrem Aufgangspunkt zurückzukehren. In den Sternen verehrte man meist Gottheiten, die auf Wagen oder, bei den Ägyptern, auf Nachen am Himmel fahren. Außerhalb des Himmels dachte man sich, wie z. B. Thales von Milet (585 v. Chr.) Wasser. Wenn sich die Schleusen des Himmels öffnen, so regnet es. Die Vorstellung einer kellerförmigen Unterwelt findet sich bei den Ägyptern, Persern, Griechen und auch Germanen. Bei den Babyloniern und Indern ist sie erst später zu erkennen und auf den Einfluß der Perser zurückzuführen. Das Weltbild der älteren Griechen ist bei Homer und Hesiod deutlich gezeichnet.

Mit Thales beginnt eine wichtige Wandlung in der Naturbetrachtung bei den Griechen, die durch ihn und seine Nachfolger die geistige Führung im Altertum übernommen haben.

Vor ihm führte man alle Naturerscheinungen auf göttliches, planvolles oder willkürliches Walten zurück. Mit seinem Satze: „Alles hat seine Ursache im Wasser", macht er sich vom Mythus los. Er sucht die Schöpferkraft in der Materie, unzertrennlich mit ihr vereinigt, nie willkürlich sondern nach bestimmten Gesetzen wirksam. Diese Schöpferkraft wird nicht mehr als Gottheit personifiziert. Er wird damit zum Vater der Naturwissenschaft.

§ 3. Himmelskugel. Auch für die Astronomie beginnt mit den Philosophen von Milet eine neue Epoche. Sie zuerst dachten sich den Himmel als ganze Kugel. Ob Thales selbst schon zu dieser Vorstellung gelangt war, kann nicht mehr festgestellt werden, sicher ist es aber von seinem Schüler **Anaximander von Milet.** Die Babylonier sprachen zwar schon vor dem 16. Jahrhundert vom Tierkreis. Doch läßt sich bei ihnen die Vorstellung eines vollkugelförmigen Himmelsgewölbes nicht erweisen.

Daraus, daß die Zirkumpolarsterne niemals untergehen, sondern sich um einen festen Himmelspol drehen, folgerte er, daß auch die Sonne und die übrigen Sterne nach ihrem Untergang ihre Kreise unter der Erde auf der unsichtbaren Himmelskugel vollenden. Die Erde ist nach ihm noch eine Scheibe, aber freischwebend! Die Dimensionen des Himmels werden bei ihm im Vergleich zu denen der Erde größer.

§ 4. Gestalt der Erde. Bald nach Anaximander lehrte **Pythagoras** oder seine Schüler die Kugelgestalt der Erde. Der Schönheits- und Ordnungssinn mochte sie dazu geführt haben als Mittelpunkt der großen, weiten Himmelskugel nur wieder einen kugelförmigen Körper für möglich zu halten. **Anaxagoras und Demokrit,** die wenig später lebten, lehrten zwar wieder die Scheibengestalt der Erde, seit Eudoxus und Plato blieb die Lehre von der Kugelgestalt endgültig bestehen. Beweise dafür brachte erst **Aristoteles** (330 v. Chr.): 1. Der Schatten der Erde auf dem Monde ist stets kreisförmig. 2. Der Polarstern steht in nördlichen Ländern höher als in südlichen, die Bahnen der Sonne und der andern Gestirne sind in nördlichen Ländern stärker nach Süden geneigt als in südlichen. Die Zone der Zirkumpolarsterne ist in nördlichen Ländern größer.

(Fig. 1.) Aus dieser Erscheinung würde zunächst nur eine Wölbung der Erde in meridionaler Richtung folgen. Der Sinn für den symmetrischen Aufbau des Weltalls zwang ohne weiteres auch zur Annahme der Wölbung in ost-westlicher Richtung. Einen Beweis für sie gibt erst Hipparch (146 v. Chr.).

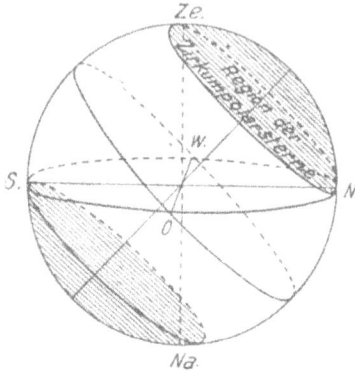

Fig. 1. Zirkumpolarsterne.

Eine Mondfinsternis muß für alle Orte der Erde im gleichen Augenblicke eintreten; da aber die Ortszeiten an westlichen Orten der unsrigen nach-, in östlichen Orten dagegen vorgehen, so wird für westliche Orte eine Mondfinsternis nach Ortszeit früher eintreten. (Beobachtet man den Beginn einer Mondfinsternis in Berlin z. B. um 12 Uhr, so wird sie in Paris um 11 Uhr beginnen.) Nach der Erfindung zuverlässiger transportabler Uhren im 16. und 17. Jahrhundert konnte festgestellt werden, daß die Sonne oder andere Gestirne in westlichen Ländern später aufgeht als in östlichen (siehe Genaueres bei Gradmessung).

Fig. 2. Der Pliniussche Beweis für die Krümmung der Erde.

3. Einen weiteren Beweis für die Kugelgestalt der Erde führt Plinius 77 n. Chr. an. Nach ihm wird auf dem Meere von einem sich nähernden Schiffe zuerst der Mast und erst allmählich der Rumpf sichtbar. (Fig. 2.) Das Ganze beruht wohl mehr

auf mathematischer Überlegung als auf wirklicher Beobachtung, denn in der Entfernung, in der ein Mast aus dem Meer aufzutauchen beginnt, kann er wegen der allzu geringen Ausdehnung überhaupt nicht gesehen werden. Wohl aber sieht man von einem Schiffe aus, das sich der Küste nähert, bei sehr klarer Luft die oberen Teile der Berge, ehe die Küste sichtbar wird. Ähnliche Beobachtungen kann man bei unsern ausgedehnten Binnenseen machen. So sieht man vom Konstanzer Ufer des Bodensees mit einem guten Fernglas die Häuser von Bregenz, aber nicht die unteren Teile des Hafens (vgl. § 27).

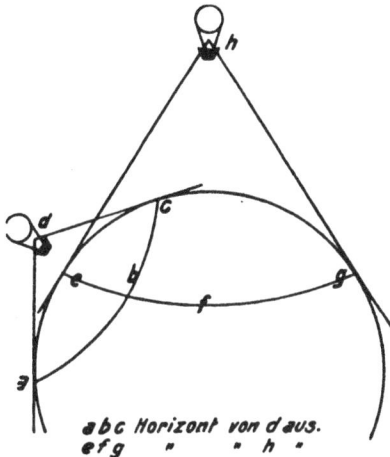

Fig. 3. Größe des Horizontes abhängig von der Höhe des Standorts.

Weitere Beweise für die Krümmung und Kugelgestalt der Erde sind:

4. Der Horizont erscheint von genügend hohen Punkten aus gesehen kreisförmig.

5. Je höher der Standort (Mastkorb, hohe Berge, Flugapparat), desto größer ist der Horizont. Fig. 3.

Die genauere Bestimmung der Erdgestalt gelang erst im Laufe des 18. und 19. Jahrhunderts.

§ 5. Der Horizont. In dem bis jetzt gewonnenen Weltbilde: Kugelförmiger Himmel mit verhältnismäßig kleiner freischwebender kugelförmiger Erde in ihrer Mitte, können nunmehr die Bewegungen am Himmel, wie sie sich dem Augenschein darbieten, beschrieben werden. Wir geben dabei die Darstellung im Gewande der modernen Schulmathematik und schildern die Erscheinungen, wie sie sich von unsern modernen Sternwarten (die mit den besten und feinsten Instrumenten ausgerüstet sind), beobachtet werden können. Doch soll dabei die geschichtliche Entwicklung unseres Wissens tunlichst berücksichtigt werden.

Die von freiem Standorte übersehene Erdoberfläche heißt der **Gesichtskreis,** sein Rand der **natürliche Horizont** oder **Kimm.** Die Geraden vom Auge des Beobachters nach der Kimm bilden einen sehr stumpfen Kegelmantel. Die durch den

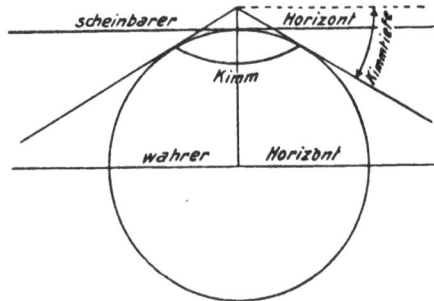

Fig. 4. Die verschiedenen Horizonte.

Fußpunkt des Beobachters gelegte Tangentialebene oder die durch das Auge des Beobachters gelegte, zu ihr parallele Ebene trifft den Himmel im **scheinbaren Horizont.** Alle in ihr liegenden h o r i z o n t a l e n Geraden werden durch die Kanal- oder Wasserwege bestimmt. Der Depressionswinkel, den die Gesichtslinien nach der Kimm mit dem scheinbaren Horizont bilden, heißt die **Kimmtiefe.** Seine Bestimmung geschieht mit dem Theodolit. Die Kimmtiefe beträgt bei

Augenhöhe in m	1	5	10	15	20	50	100	500	1000	8840
Kimmtiefe		1,68′	3,95′	5,6′	6,9′	7,95′	12,6′	17,8′	43′	$1^0 1′$	5^0

Parallel zum scheinbaren Horizont wird durch den Mittelpunkt der Erde der **wahre** oder **astronomische Horizont** gelegt. (Fig. 4).

§ 6. Himmelsgegenden. Zur Orientierung auf dem Horizont dienen die vier H a u p t h i m m e l s r i c h t u n g e n: **Norden, Süden,**

Osten und Westen, sowie die Nebenrichtungen 1. und 2. Ordnung: Nordost, Südost, Nordwest, Südwest und Nord-
nordost, Nordnordwest, Ostnordost, Ostsüdost, Südsüdost,
Südsüdwest, Westsüdwest und Westnordwest. (Fig. 5).

Die ältesten Völker bestimmten zunächst den Ostpunkt (oriens,
daher orientieren). Als solchen nahmen sie wohl in den frühesten Zeiten
den Sonnenaufgangsort. Da dieser aber während eines Jahres bedeutend
hin und her schwankt, so wird man bald den Mittelpunkt zwischen den
beiden äußersten Aufgangspunkten als Ostpunkt gewählt haben. Daß
die Ägypter diese Punkte beobachteten, beweist die Anlage eines Tempels,
dessen Achse genau nach dem nördlichsten Aufgangspunkt der Sonne gerichtet war, so daß im Augenblicke des Aufgangs das Sonnenlicht ein
einziges Mal im Jahr durch die ganze Länge des Tempels fiel.

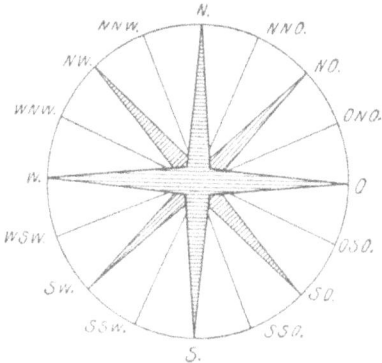

Fig. 5. Windrose.

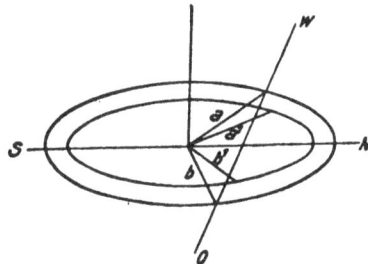

Fig. 6. Gnomon.

Später benutzte man den Gnomon (Fig. 6), gewiß das älteste astronomische Meßinstrument, bestehend aus einem Stab, der senkrecht auf
horizontaler Ebene steht und um dessen Fußpunkt konzentrische Kreise
gezogen sind. Die Verbindungslinien der Endpunkte der Schatten auf
dem gleichen Kreise, die also auch zugleich gleiche Zeiten vor und nach dem
Kulminationspunkt bezeichnen, sind Ostwestlinien. Die Obelisken Ägyptens
sind vielleicht solche Riesengnomone, die als Sonnenuhr dienten.

Die Seefahrer richteten sich des Nachts nach dem Großen Bär
(der Bärin Homers: Odysseus und Kalypso) und bald auch nach dem
Polarstern selbst.

Auf den Sternwarten wird jetzt die NS-Linie, der Meridian, bestimmt (s. u.).

§ 7. Zenit. Vertikalkreis. Außer den horizontalen Richtungen läßt sich noch die Lotrechte durch unseren Beobach-
tungspunkt durch eine einfache Vorrichtung, das Lot oder
Senkblei (schwere Kugel an einem Faden aufgehängt) be-

8

stimmen. Diese Gerade heißt **Scheitel-** oder **Vertikallinie.** Sie
trifft den Himmel über uns im höchsten Punkt, dem **Zenit,**
unter uns im **Nadir.** Kreise durch Zenit und Nadir heißen
Vertikalkreise. (Fig. 7.)

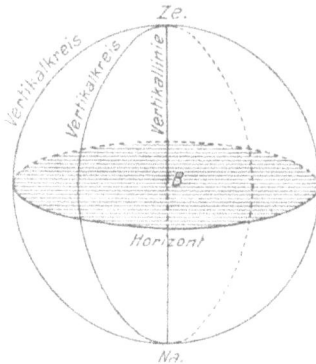

Fig. 7. Zenit-Vertikalkreise.

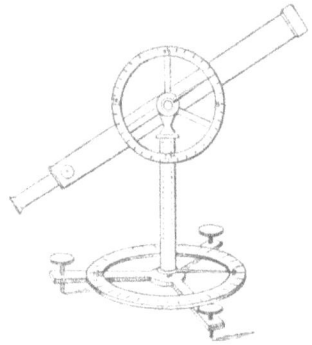

Fig. 8. Theodolit.

§ 8. Horizontal-Südpunktsystem. Die Lage eines Gestirnes
zum Horizont und den Himmelsrichtungen läßt sich mit Hilfe
des Theodolit (Fig. 8) durch folgende zwei Koordinaten festlegen.

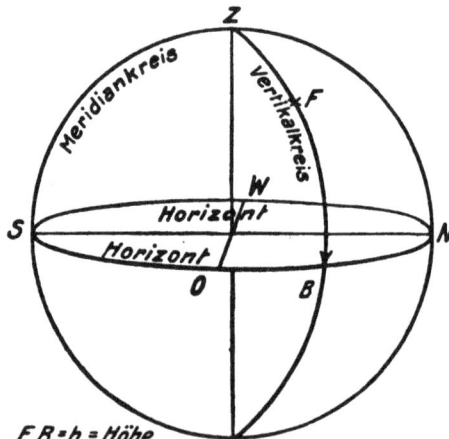

$FB = h =$ Höhe
$SWNB =$ Azimut

Fig. 9. Horizontal-Südpunktsystem.

Der Abstand des Sternes vom Horizont durch die Wasserwage
bestimmt, auf dem Vertikalkreis gemessen, ist seine **Höhe** (FB).
(Fig. 9.) Der Abstand des Fußpunktes der Höhe auf dem Horizont

vom Südpunkt an mit dem Uhrzeigersinn, also über W gemessen, ist sein **Azimut** (*SWNB*) (**Horizontal-Südpunktsystem**). Die am Theodolit abgelesenen Höhen müssen korrigiert werden, da sie wegen der atmosphärischen Strahlenbrechung zu groß sind. Der Fehler β beträgt bei

abgelesener Höhe h			h	
0° 0′	$\beta = 34′\,54,1″$		10°	$\beta = 5′\,16,2″$
1° 0′	24′ 24,6″		15°	3′ 32,1″
2°	18′ 8,6″		20°	2′ 37,3″
3°	14′ 14,6″		30°	1′ 39,7″
4°	11′ 38,9″		40°	1′ 8,7″
5°	9′ 46,5″		50°	0′ 48,4″
			60°	0′ 33,3″
			80°	0′ 10,2″

Auf schwankendem Schiff kann mit Theodolit nicht gearbeitet werden. Hier bedient man sich anderer Instrumente, bei denen die Höhe von der Kimm gemessen wird; es ist dann die Kimmtiefe noch in Abrechnung zu bringen.

Im Mittelalter und noch bis ins 18. Jahrhundert wurde die Zenitdistanz statt der Höhe durch Mauerquadranten gemessen. Die Dimensionen der mittelalterlichen Instrumente hatten oft eine beträchtliche Größe erreicht. So soll der Radius eines Sextanten in Bagdad 58 Fuß betragen haben. Diese Mauerquadranten waren um den vertikalen Radius drehbar an einer in meridionaler Richtung stehenden Mauer befestigt, die Peripherie in Grade und je nach der Größe in kleinere Teile eingeteilt. Ein im Kreismittelpunkt drehbarer Diopter ermöglichte die Ablesung der Zenitdistanz. In manchen Sternwarten sind sie jetzt als Reliquien aufbewahrt (in der Heidelberger Sternwarte der Mauerquadrant der alten Mannheimer Sternwarte).

Hero, 150 v. Chr., hatte bereits ein theodolitähnliches Instrument. Die Azimutalquadranten des Tycho waren ebenfalls Vorläufer des heutigen Universalinstrumentes. Mit der Einführung des Fernrohres im Laufe des 17. und 18. Jahrhunderts und der Verbesserung der Feinmechanik wurden die Dimensionen des Theodolit auch kleiner.

§ 9. Fixsterne. Die Sterne ändern wie Sonne und Mond immerwährend ihre Stellung zum Horizont. Dagegen behalten sie ihre gegenseitige Lage unverrückbar bei. Diese Beobachtung hat auch jedenfalls die Vorstellung eines festen Himmelsgewölbes bewirkt. Wie schon vorher erwähnt, hat sich dieses bei Anaximander zur Vollkugel erweitert, zu einer Sphäre, an der die Fixsterne befestigt sind (fixiert — fixus), eine Vorstellung, die noch länger als 2000 Jahre herrschend blieb.

Nebeneinander stehende Sterne wurden schon früh zu Gruppen, den Sternbildern, zusammengefaßt.

§ 10. Auf- und untergehende Sterne. Zirkumpolarsterne. (Fig. 1.) Ebenso früh unterschied man die auf- und untergehenden Sterne von den niemals untergehenden (die sich nie im Ozean baden). Auch erkannte man, daß diese letzteren um den Polarstern Kreise beschreiben, die um so kleiner sind, je näher sie ihm stehen. So gelangte man zur Vorstellung der sich täglich einmal um die Erde drehenden Kugel, deren sichtbarer **Pol** (Drehpunkt) der Polarstern ist und, weil er über dem Nordpunkt liegt, **Nordpol** des Himmels heißt. Ihm gegenüber uns unsichtbar ist der **Südpol,** an dessen Stelle kein Stern steht. Wenn man zu verschiedenen Zeiten einer Nacht je Azimut und Höhe der einzelnen Sterne bestimmt und ihre Lage auf einem Globus markiert, so erkennt man, daß sie Kreise am Himmel beschreiben, die untereinander parallel sind. Die Kreise der nie untergehenden oder **Zirkumpolarsterne** sind völlig sichtbar. Die Kreise der andern schneiden den Horizont in je zwei zur Mittagslinie symmetrisch liegenden Punkten. **Tagbogen** heißt der über, **Nachtbogen** der unter dem Horizont liegende Teil einer Sternbahn.

§ 11. Himmelsachse, Parallelkreise, Meridiane. Die Ebenen der Sternbahnen sind senkrecht zur **Himmelsachse,** haben somit gegen den Horizont die gleiche Neigung, sie sind parallel. Die Bahnen der Sterne sind Parallelkreise. Polhöhe, also auch Neigung der Weltachse, ist für Frankfurt 50⁰, also die Neigung der Sternbahnen 40⁰. Der höchste Punkt einer Sternbahn ist der **Kulminationspunkt** des Sternes (culmen lat. Gipfel). Bei den Zirkumpolarsternen ist auch ihr tiefster Stand sichtbar, hier unterscheidet man **obere** und **untere** Kulmination.

Genaue Messungen ergeben, daß auch der Polarstern einen allerdings sehr kleinen Kreis beschreibt, also nicht der Nordpol des Himmels ist. Die genaue Bestimmung der Lage dieses wichtigen Punktes bildet jetzt die Grundlage für die Orientierung auf dem Horizont und gelingt durch Ermittlung der oberen und unteren Kulmination eines Zirkumpolarsternes. Auf dem Vertikalkreis, der durch ihn hindurch geht, liegt der Nord- und Südpunkt am Horizont und die Kulminationspunkte aller

Gestirne. Der Parallelkreis in der Mitte zwischen Nord- und Südpol ist der **Himmelsäquator,** er teilt die Himmelskugel in eine nördliche und südliche Halbkugel. Die Kreise durch Nordpol und Südpol sind die **Meridiane;** Sterne auf einem Meridian kulminieren gleichzeitig. (Fig. 10).

§ 12. Scheinbare Sonnenbahn, bezogen auf die ruhend ge- dachte Erde. (Fig. 11). Die Bahn der Sonne während eines Tages erscheint ebenfalls als Parallelkreis. Da aber die Auf- und Unter- gangspunkte, desgl. der Kulminationspunkt sich ändern, so er-

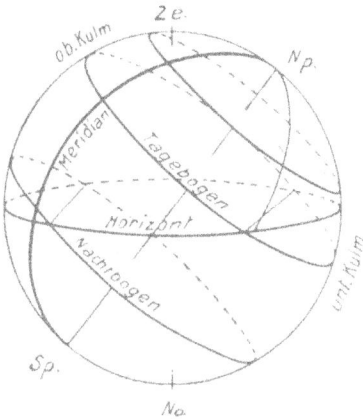

Fig. 10. Horizont.
Tage-Nachtbogen.

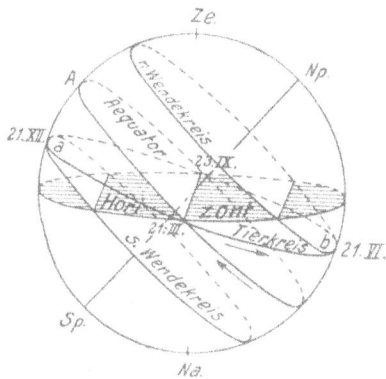

Fig. 11. Himmelsaxe, Parallelkreise,
Meridiane, Wendekreise.

gibt sich, daß sich dieser Parallelkreis regelmäßig verschiebt. Dem Nordpol am nächsten ist er am 21. Juni: Auf- und Unter- gangspunkt nahezu NO und NW, Kulminationspunkt für Frankfurt $63\frac{1}{2}^0$. Nun verschiebt sich die Sonnenbahn parallel nach S. Am 22. September fällt sie mit dem Äquator zusammen: Auf- und Untergangspunkt O und W. Kulmination 40^0. Am 21. Dezember ist sie dem Südpol am nächsten: Auf- und Unter- gangspunkt etwa SO und SW, Kulminationspunkt $16\frac{1}{2}^0$. Von nun bis 21. Juni verschiebt sich die Sonnenbahn wieder dem Nordpol zu. Am 21. März fällt sie mit dem Äquator zusammen. Die beiden äußersten Kreise der Sonne am 21. Juni und 21. De- zember heißen **Wendekreise** (Wendekreis des Steinbocks und des Krebses). Die Verschiebung der Sonne von einem Parallelkreis zum andern findet natürlich nicht sprungweise statt. Vielmehr erscheint die Sonnenbahn während eines Jahres in bezug auf die ruhend gedachte Erde genauer als Schrauben-linie, die sich zwischen den beiden Wendekreisen einmal ab-wärts und aufwärts windet. Fig. 12. Auf- und Untergangs-punkte eines Tages sind daher streng genommen nicht sym-metrisch zum Meridian.

Warum ist die Schattenrichtung z. B. um 9 Uhr morgens im Winter und Sommer verschieden?

§ 13. **Ekliptik.** Ein zweiter Unterschied in der Sonnen-und Sternenbewegung besteht darin, daß die Sonne sich etwas langsamer um die Erde dreht. Die Rotationsdauer des Fixsternen-

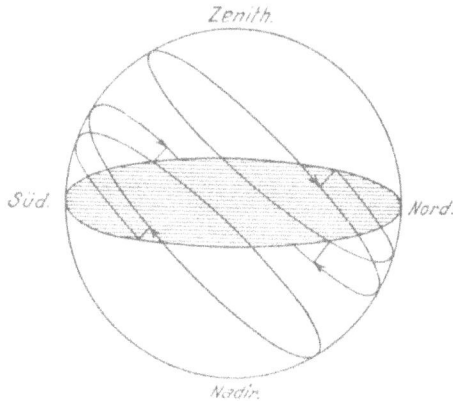

Fig. 12. Schraubenlinie des Mondes.

himmels ist 23 h 56′ 4,09″, während die tägliche Umlaufs-zeit der Sonne, ein Sonnentag (durchschnittlich, s. § 90), 24 Stunden dauert. Mit Rücksicht auf ihre scheinbare tägliche Umdrehungsgeschwindigkeit und die im vorigen Paragraphen geschilderte Verschiebung beschreibt sie demnach, bezogen auf den (nunmehr ruhend gedachten) Fixsternenhimmel einen Kreis, der die beiden Wendekreise berührt und sämtliche Parallelkreise zwischen ihnen, also auch den Äquator, unter gleichem Winkel, 23⁰ 26′ 57,0″ schneidet. Dieser Kreis heißt die **Ekliptik**[1]) oder, wegen einiger Sternbilder die er durchzieht, **Tierkreis** (Zodiakus). Ihre Bewegung in der Ekliptik ist, wie sich aus dem im Anfange des Paragraphen Gesagten ergibt,

---

[1]) Erklärung des Wortes später.

dem scheinbar täglichen Drehungssinn entgegen gerichtet. Die tägliche Verschiebung beträgt (durchschnittlich) 59' 8,193''. Steht sie heute mit einem Fixstern im gleichen Meridian, so befindet sie sich nach 24 Stunden 59' 8,193'' östl. von diesem, und kulminiert etwa 4 Minuten später. Es vergehen 365,25636 Sonnentage (365^d 6st 9^{min} 10^{sek}) bis sie wieder im Meridian des gleichen Sternes steht. Diese Zeit heißt **siderisches Jahr.**

Wie weit liegen nach genau 365 Tagen die Meridiane der Sonne und des gedachten Sternes auseinander? Ist dann der Meridian der Sonne östlich oder westlich vom Meridian dieses Sternes?

§ 14. Jahreszeiten. Der Wandel der Sonne in der Ekliptik hat den Wechsel der Jahreszeiten zur Folge. Wenn die Sonne im südlichen Wendekreis (Wintersolstitium) steht, ist bei uns die Tageszeit am kürzesten und Winteranfang; kommt sie dann in den Äquator, so ist Frühlingsanfang (Frühlings - äquinoktium, Tag- und Nachtgleiche). Der Zeitpunkt ihres höchsten Standes im nördlichen Wendekreis ist Sommer- anfang, die Tageszeiten sind am längsten (Sommersolstitium). Beim zweiten Durchgang durch den Äquator ist die Zeit der Herbst-Tag- und Nachtgleiche (Herbstäquinoktium) und Herbstanfang. Der Schnittpunkt der Ekliptik mit dem Äquator im Frühling heißt **Frühlingspunkt.**

Die für uns sehr wichtige Zeitdauer zwischen zwei auf- einander folgenden tiefsten Sonnenständen (im südlichen Wendekreis) oder die Zeit, die vergeht, bis die Sonne vom Frühlingspunkt wieder bis zum Frühlingspunkt gelangt ist, stimmt mit der Dauer des siderischen Jahres so nahe überein, daß der Unterschied erst 146 v. Chr. von Hipparch entdeckt wurde (s. u. § 17). Er nannte diese Zeit das **tropische** Jahr; sie beträgt 365,242199 Tage = 365^d 5^h 48^{min} 46^{sek}.

§ 15. Kalenderregulierungen. Die Ägypter hatten schon sehr früh die Länge des Jahres zu 365$\frac{1}{4}$ Tage gekannt. Diese Zeit wurde einer Kalenderregulierung der Griechen um 540 v. Chr. zugrunde gelegt. Nach einer späteren von Meton 432 v. Chr. vorgeschlagenen Regulierung wird ein Zyklus von 19 Jahren eingeführt, welche 125 Monate zu 30 Tagen und 110 Monate zu 29 Tagen hatten, so daß das Jahr gleich 365,263 Tage angenommen wird. Der römische Kalender war in großer

Verwirrung. J u l i u s C ä s a r ließ ihn 46 v. Chr. durch den Alexandriner Sosigenes verbessern. Auch hier wurde das Jahr wieder
zu 365 ¼ Tag angenommen. Es wurde die bekannte Bestimmung
getroffen, daß das Jahr 365 Tage zählt, jedes vierte Jahr ist
ein Schaltjahr mit 366 Tagen. Nun ist aber das bürgerliche oder
tropische Jahr (nach Hipparch) etwas kürzer, nämlich 11 Min.
14 Sek. oder 0,0078 Tage. In 400 Jahren werden dadurch
3,12 Tage zuviel angenommen. Dies machte sich im Mittelalter fühlbar und veranlaßte endlich, nach mehrfachen vergeblichen Anläufen, den Papst Gregor VII. (1586) eine neue
Kalenderverbesserung einzuführen. Nach dieser fallen alle
400 Jahre drei Schalttage weg. Damit die Feste wieder auf
den gleichen Tag wie zur Zeit des Konzils zu Nizäa fallen, ließ
man auf den 4. Oktober sofort den 15. Oktober folgen.

Wie groß ist der Fehler im neuen Kalender in 400 Jahren? In wieviel
Jahren beträgt der Fehler einen Tag?

§ 16. Äquatorial-Frühlingspunktsystem. (Fig. 13). Azimut
und Höhe sind zur Festlegung der gegenseitigen Lage der Fix-

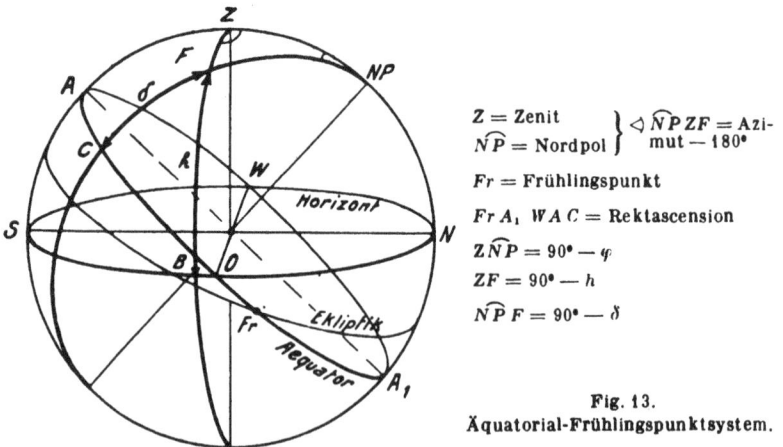

Z = Zenit
$\widehat{NP}$ = Nordpol $\quad \sphericalangle \widehat{NP}ZF$ = Azimut $- 180°$

Fr = Frühlingspunkt

$Fr A_1\ WAC$ = Rektascension

$Z\widehat{NP} = 90° - \varphi$

$ZF = 90° - h$

$\widehat{NP}F = 90° - \delta$

Fig. 13.
Äquatorial-Frühlingspunktsystem.

sterne nicht geeignet, da sie sich fortwährend verändern. Besser
dient diesem Zweck das **Äquatorial-Frühlingspunktsystem.** Der
Abstand eines Sternes vom Äquator auf seinem Meridian, in Bogen-
grad gemessen, heißt seine **Deklination,** wobei nördl. und südl.
Deklination zu unterscheiden sind. Der Abstand des Meridians
des Sternes vom Frühlingspunkt im entgegengesetzten Sinne

wie das Azimut, also in der Richtung O, N, W, S gemessen, heißt die **Rektaszension** (gerade Aufsteigung). Sie wird in Bogengraden oder Stunden ausgedrückt, 24 Stunden = 360⁰. Beträgt die Rektaszension eines Sternes 30⁰ = 2 Std., so kulminiert er 2 Stunden später als der Frühlingspunkt. Deklination und Rektaszension können jetzt mit den parallaktischen Fernrohren bestimmt werden, das sind Fernrohre, die sich um eine zur Himmelsachse parallele Achse drehen.

Der erste Versuch einer Festlegung einiger Fixsterne (Sternkatalog) in diesem Koordinatensystem wurde 290 v. Chr. von zwei alexandrinischen Astronomen, Aristill und Timocharis, gemacht, die sich bereits einer Armillarsphäre bedienten. Sie bestand nur aus zwei senkrecht zueinander stehenden, einen Meridian und den Äquator vorstellenden Kreisen. Eratosthenes, 240 v. Chr., fügte diesem Apparat noch einen zweiten Meridian hinzu, der mit einem Diopter versehen war.

Berechne mit Hilfe des sphärischen Dreiecks Z, $\widehat{NP}$, F aus Azimut und Höhe, die Deklination eines Sternes. Desgleichen aus Deklination die Morgenweite und den Tagebogen.

§ 17. **Ekliptik — Frühlingspunktsystem.** (Fig. 14). Dieses dritte Koordinatensystem wurde von Hipparch eingeführt, der

NP = Nordpol

EP. = Ekliptikpol

Fr = Frühlingsp. $\quad \sphericalangle \widehat{NP}\, \widehat{EP}\, F = 90° - \lambda$

R = Rektascension = FrC

FrD = Länge = λ

$\widehat{EP\,NP} = 23^{1}/_{4}°$ $\quad \sphericalangle F\,\widehat{NP}\,A_1 = 90° - R$

$\widehat{NP\,F} = 90 - \delta$

$\widehat{EP\,F} = 90 - \beta$

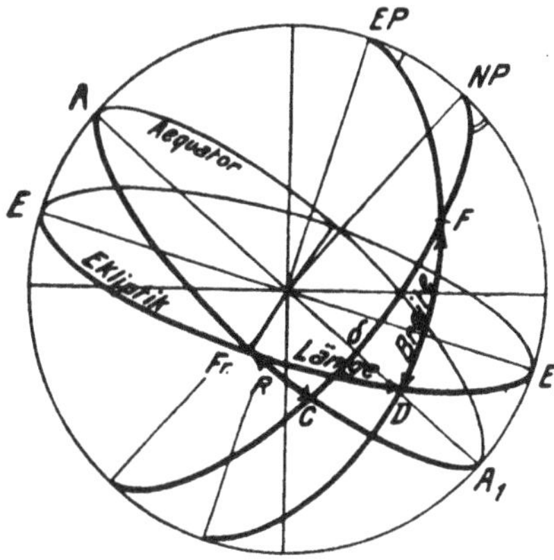

Fig. 14. Ekliptik-Frühlingspunktsystem.

126 v. Chr. den ersten größeren Sternkatalog mit der Feststellung (Position) von über 1000 Sternen angelegt hatte. Der Abstand eines Sternes von der Ekliptik, auf einem zu ihr senkrechten (durch den Ekliptikpol gehenden) Kreise gemessen, wird **Breite,** der Abstand dieses Bogens vom Frühlingspunkt in gleichem Sinne der Rektaszension **Länge** genannt.

Hipparch konnte seine Messungen mit den um 150 Jahre älteren des Aristill vergleichen, wobei sich ergab, daß die Breiten der von Aristill beobachteten Sterne mit den von ihm gefundenen wohl übereinstimmten, während seine Längen um $1\frac{1}{2}^0$ größer waren. Darnach würden sich die Sterne jährlich vom Frühlingspunkt um 36″ entfernen (nach den neuesten Messungen von Laplace beträgt die Verschiebung 50,26″). Hipparch deutete diese Erscheinung schon ganz richtig, indem er von einer Verschiebung, **Präzession,** des Frühlingspunktes auf der Ekliptik der jährlichen Sonnenbewegung entgegen, also nach W sprach. Darnach ist die Ekliptik ein fester, unter den Fixsternen unverrückbarer Kreis, dessen Stellung zum Horizont allerdings sich stets ändert, die Weltachse aber beschreibt sehr langsam einen Kegelmantel um die Achse der Ekliptik, so daß der Himmelsäquator und die Parallelkreise zwar mit der Ekliptik stets den gleichen Winkel bilden, aber sich ständig gegen die Sterne verschieben. Der Frühlingspunkt bewegt sich daher in der Richtung S—W—N. Der Himmelspol ist also auch kein fester Punkt, sondern wandert unter den Sternbildern; nach 70 Jahren liegt er etwa 1^0 vom jetzigen entfernt.

Umrechnung von β und λ in δ und RA mit Hilfe des Dreiecks Ekliptikpol—N-Pol—F. In welchem Zeitraum ist der ganze Kegelmantel von der Himmelsachse beschrieben?

§ 18. Bewegung des Mondes. Der Mond beschreibt täglich wie die Sonne annähernd einen Parallelkreis, doch braucht er 51 Min. 11,23 Sek. länger dazu als diese. Sein Meridian bleibt täglich hinter der Sonne 12^0 21′ 27″, hinter einem Stern also 13^0 10′ 37″ zurück. Er braucht mithin $\dfrac{360}{12^0\,21'\,27''} = 29{,}5306$ Tage, bis er wieder im gleichen Meridian wie die Sonne steht: **synodischer Monat.** Dagegen fällt sein Meridian mit dem eines Fixsternes schon nach $\dfrac{360}{13^0\,10'\,35''} = 27{,}3216$ Tagen zusammen: **siderischer Monat.** Ähnlich wie die Sonne beschreibt er in bezug auf den als ruhend gedachten Himmel einen Kreis, der mit der Ekliptik nur einen Winkel von 5^0 9′ bildet und sie in zwei Punkten, den Knoten, schneidet. Der Mond durchzieht daher die gleichen Sternbilder wie die Sonne, nur braucht er dazu $27\frac{1}{3}$ Tage.

In bezug auf die als ruhend gedachte Erde ist die Mondbahn ebenfalls eine Schraubenlinie, die sich zwischen den Wendekreisen des Mondes während etwa 27⅓ Tagen einmal hin und
her windet (tropischer Monat). Damit erklärt sich auch,
warum während eines Zeitraums von etwa 14 Tagen der Mondaufgang sich um weniger als 51 Minuten, der Untergang dagegen um mehr als 51 Minuten verspätet, während in den
nächsten 14 Tagen gerade das Umgekehrte der Fall ist, vgl.
Fig. 12. Denn bewegt sich der Mond vom südlichen nach
dem nördlichen Wendekreis, so geht er täglich auf, bevor er
vom vorhergehenden Aufgangspunkt an gerechnet einen ganzen
Umlauf vollendet, aber erst nach einem vollen Umlauf vom
vorhergehenden Untergangspunkt an gerechnet unter. Umgekehrt ist es, wenn sich der Mond vom nördlichen zum südlichen Wendekreis zu bewegt. Das gleiche gilt auch für die
Sonne, nur mit kleineren Zeitunterschieden, da deren Schrauben-
gänge viel enger sind.

§ 19. Phasen. Viel auffallender als die Sonderheiten, die
der Mondlauf mit dem der Sterne oder der Sonne verglichen hat,
ist der Wechsel seiner Lichtgestalten, der genau innerhalb eines
synodischen Monats stattfindet[1]). (Fig. 15). Beginnen wir mit einer

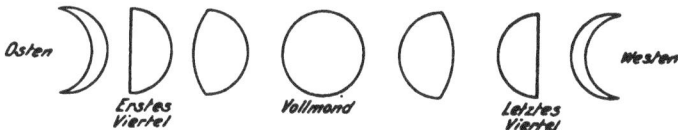

Fig. 15. Mondphasen.

sternenhellen Sommernacht, die völlig mondlos bleibt. Nach zwei
oder drei Nächten erscheint am westlichen Abendhimmel kaum
sichtbar im Dämmerlicht der untergegangenen Sonne der Mond
als schmale Sichel, die Hörner sind nach links oben gerichtet.
Sein Untergang erfolgt bald nachher, der Aufgang war während
des Tages nicht zu beobachten. In jeder folgenden Nacht erscheint die Sichel verbreitert, indem die hohle Seite flacher
wird, und ist beim Untergange der Sonne höher am südwest-
lichen bis südlichen Himmel sichtbar. So wird die Sichel zum

[1]) Siehe des Verfassers Leitfaden der Math. Geographie für Mittelklassen Höh. Schulen.

Halbkreis mit der Wölbung nach Westen: **Erstes Viertel.** Dann wird die vorher konkave Seite konvex, bis die volle kreisförmige Mondscheibe die Nächte erhellt: **Vollmond.** Dieser kulminiert mitternachts, ist also 180° von der Sonne entfernt. Auf- und Untergang können abends und morgens gesehen werden.

Jetzt beginnt die rechte, westliche Seite, flacher zu werden. Sein Untergang kann nicht beobachtet werden, bei Sonnenaufgang steht er noch über dem westlichen Horizont. Etwa 7 Tage nach Vollmond leuchtet nur noch ein Halbkreis mit der flachen Seite nach rechts, nach Westen gerichtet: **Letztes Viertel.** In dieser Gestalt kulminiert er 6 Stunden vor Mittag. Von jetzt an wird die flache Seite konkav, der Mond erscheint als eine immer schmaler werdende Sichel, die Hörner sind nach Westen gerichtet, sie ist nur noch vor Sonnenaufgang am östlichen Himmel sichtbar. Den Mondaufgang kann man vor Sonnenaufgang beobachten, den Untergang nicht, dieser findet bei Tage statt. Endlich verschwindet er in den Strahlen der aufgehenden Sonne ganz und wird für einige Tage unsichtbar: Es ist nach der Vorstellung der Alten die Zeit seiner Neugeburt: **Neumond.**

Eine kurze Zusammenstellung gibt folgende Regeln. Der Neumond steht nahe bei der Sonne, ist in ihren Strahlen unsichtbar. Erstes Viertel kulminiert 6 Stunden, Vollmond 12 Stunden und letztes Viertel 18 Stunden später (oder 6 Stunden früher) als die Sonne. Die Hörner oder die flache Seite sind von der Sonne abgewendet, die Wölbung ihr stets zugekehrt. Zunehmender Mond ist stets nach Sonnenuntergang am westlichen Himmel, abnehmender Mond stets vor Sonnenaufgang am östlichen Himmel sichtbar.

Der Mond wurde und wird noch heute von den Wüsten- und Steppenvölkern des tropischen und subtropischen Asiens als wichtigstes Gestirn verehrt. Den Sonnenbrand haben sie zu fürchten. Beim milden Mondlicht führen sie ihre Wanderungen aus. Die Semiten beginnen ihren Kalendertag mit dem Untergang der Sonne. Der Halbmond ist das Zeichen des Islams. Babylonier, Phönizier, Juden und Griechen hatten ihren Kalender hauptsächlich nach dem Monde geregelt, in dem sie das Jahr zu 12 Monaten zu abwechselnd 29 und 30 Tagen rechneten. Freilich mußten sie, um das Mondjahr mit dem Sonnenlauf in Übereinstimmung zu bringen, Schaltmonate einfügen, eine Aufgabe, der die einzelnen Völker zu verschiedenen Zeiten in verschiedener Weise gerecht zu werden suchten (§ 15).

§ 20. **Die Planeten** machen die tägliche Rotation des
Himmels mit, aber haben wie Sonne und Mond eine Eigenbewegung den übrigen Sternen gegenüber und durchziehen
ebenfalls den Tierkreis. Während jedoch Sonne und Mond
unter den Sternen einen Kreis beschreiben und täglich hinter
ihnen zurückbleiben, beschreiben die Planeten in regelmäßig
aufeinander folgenden Zeitperioden Schlingen. Sie machen die
tägliche Rotation der Sterne etwas langsamer als diese mit,
biegen dann aber ein wenig von ihrer Bahnrichtung ab, bleiben
darauf kurze Zeit bei einem Sterne stehen, dann eilen sie ihm,
immer die tägliche Rotation mitmachend, voraus. Später
biegen sie wieder um, bleiben bei einem Sterne stehen (zweiter
Stillstand) und lenken endlich in ihre vorige Bahnrichtung
ein. ◄─○─ Jeder Planet hat seine eigene Dauer der
Periode.

Merkur, der sehr schwer zu erkennen ist, und die hellere
Venus haben dabei noch das Eigentümliche, daß sie sich nie
sehr weit von der Sonne entfernen: Merkur 28⁰ und Venus 47⁰.
Bald entfernen sie sich von der im Westen untergehenden Sonne
in östlicher Richtung, bis sie ihren größten Abstand von ihr
erreicht haben, dann eilen sie der Sonne nach, haben also eine
größere tägliche Rotationsgeschwindigkeit wie sie und sind
immer noch am westlichen Abendhimmel als Abendsterne
sichtbar. Nach einiger Zeit überholen sie die Sonne, so daß sie
vor Sonnenaufgang aufgehen, entfernen sich in westlicher
Richtung von ihr, um später, in ihrer Rotationsgeschwindigkeit
nachlassend, zur Sonne wieder zurückzukehren, nachdem sie
ihren weitesten Abstand erreicht haben. Wie zwei Pendel
schwingen sie um die Sonne hin und her. Beide zeigen wie der
Mond einen Wechsel der Lichtgestalt, doch ist dies nur mit
Fernrohren erkennbar. Galilei entdeckte 1611 die Lichtphasen
der Venus. Die drei andern Planeten werden niemals sichel-
oder halbmondförmig, nur tritt auf ihrer östlichen oder westlichen Seite eine kleine Verflachung ein, je nachdem sie östlich
oder westlich von der Sonne stehen. Sie bewegen sich im Tierkreis in bezug auf die ruhend gedachte Himmelskugel langsamer
als die Sonne, so daß ihr Abstand von ihr in ziemlich regelmäßigen Perioden 180⁰ groß wird. Diese Stellung der Planeten

heißt Opposition. In dieser Zeit bilden sie die geschilderten Schlingen, auch ist ihr Glanz am größten.

§ 21. Astrologie. Die siebentägige Woche. Die Planeten spielen im Kultus der Chaldäer und Babylonier eine bedeutende Rolle. Da sie unabhängig von den übrigen Sternen ihre eigenen Bahnen ziehen, wurden sie als Hauptgottheiten, später als deren Wohnsitze angesehen. Es wurde ihnen daher ein bestimmter Einfluß auf die Menschen zugeschrieben. Von ihrer Stellung zu den Sternen oder ihrer gegenseitigen Stellung oder ihrem Glanz bei Geburt eines Menschen hängt dessen Geschick ab. Die Pflege der Kunst, aus der Konstellation der Planeten die Zukunft des Menschen oder auch kommende Ereignisse vorauszusagen, war eine der wichtigsten Aufgaben der babylonischen Priester. Diese Kunst, die Astrologie, stand bis weit ins 17. Jahrhundert hinein in hohem Ansehen, so stellte Tycho Brahe den Söhnen des Königs von Dänemark das Horoskop und Kepler mußte während seines Aufenthalts in Gratz im Kalender astrologische Prophezeiungen machen. Überhaupt zeigen die Kalender des 18. und 19. Jahrhunderts noch mancherlei Spuren dieser Sterndeuterei, und noch heute werden die Kometen als Verkünder besonderer Ereignisse angesehen.

Noch eine andere Folge hat die Planetenverehrung gehabt. Wohl alle alten Kulturvölker hatten die fünf- oder zehntägige Woche, die ganz gut in die Mondrechnung paßte; der Monat hatte dann sechs kleine oder drei große Wochen. Die Astrologie erst führte die Babylonier dazu, die einzelnen aufeinander folgenden Tage von einem Planeten regieren zu lassen, und so entstand, den sieben Planeten entsprechend, die siebentägige Woche, die um 1500 v. Chr. die ältere Wocheneinteilung bei den Babyloniern verdrängte. Die Juden übernahmen sie von Babylon. In Europa wurde sie erst mit der Ausbreitung des Christentums eingeführt. Die Wiedereinführung der zehntägigen Woche durch die französische Revolution fand keinen Anklang.

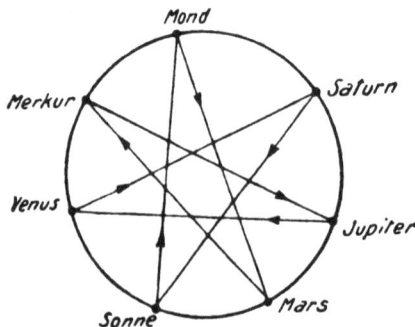

Fig. 16. Erklärung der Reihenfolge der Wochentage.

Die Namen unserer Wochentage verraten noch den astrologischen Ursprung: Sonntag, Montag = Mondtag = lundi; Dienstag = Zistig, Tag des Ziu, Dinstag entstanden aus Tingsdag, mardi = Tag des Mars; mercredi = Merkurstag; Donnerstag = Tag des Donar, jeudi = Jovisdag; Freitag = Tag der Freia, vendredi = Venustag; Saturday = Saturnstag. Über den Grund der Reihenfolge gibt es nur Vermutungen. Griechischen Ursprungs ist wahrscheinlich eine Ordnung der Planeten nach ihren Umlaufszeiten: Mond, Merkur, Venus, Sonne, Mars, Jupiter und Saturn. Setzt man diese Namen in dieser Reihenfolge an die Ecken eines kabbalistischen Siebenecks, so erhält man die Reihe der Wochentage. (Fig. 16).

§ 22. Übergang von bloßen Himmelsbeobachtungen und Sammeln von Kenntnissen zur wissenschaftlichen Behandlung. Soweit wir die Erscheinungen am Himmel bis jetzt dargestellt haben, waren sie den Griechen schon im 2. Jahrhundert v. Chr. bekannt, wenn sie auch in ihren Angaben über Zeit-, Längen- und Winkelmaße lange nicht den hohen Grad der Genauigkeit erreichen konnten, wie dies heute möglich. Die Entwicklung der Naturerkenntnis, die sich in den vier Jahrhunderten nach Thales vollzog, und die wir größtenteils den Griechen verdanken, war eine ungeheure. Wohl waren die Babylonier durch ihre Jahrhunderte zurückreichenden Beobachtungen und Aufzeichnungen zu einer Fülle von Einzelkenntnissen wie Perioden der Mond- und Sonnenfinsternisse, Länge des Jahres und der Jahreszeiten gelangt. War doch höchst wahrscheinlich Thales imstande, auf Grund solcher babylonischer Statistik eine Sonnenfinsternis anzukündigen. Aber trotz allem waren sie zu keiner so klaren Einsicht in den Aufbau und das Geschehen und Werden im Weltall gelangt wie die Griechen in den wenigen Jahrhunderten nach Thales. Hier interessiert uns nur die Entwicklung der Astronomie und, soweit sie mit ihr zusammenhängen, die Mathematik und Geographie.

Welch eine naive kindliche Vorstellung der Welt hat noch Thales von ihnen übernommen. Wie klein war noch die Erde und wie niedrig der Himmel. Sonne und Mond waren nicht höher als die Wolken; atmosphärische Erscheinungen galten wohl noch lange für Himmelserscheinungen. Aber im Geiste des Anaximander und der Pythagoräer weitete sich der Himmel zur unermeßlichen Kugel, mit der kleinen freischwebenden Erdkugel in der Mitte. Zur Zeit Anaximanders wußten die Griechen noch nichts von den Planeten, und ein oder zwei Jahrhunderte später wiesen sie ihnen regelmäßige Bahnen und ordneten sie in bestimmte Abstände von der Erde.

Und noch einen wichtigen Schritt machten sie vorwärts. Von Thales hörten wir schon, daß er nach einem natürlichen Prinzip für alle Stoffe und alles Geschehen in ihnen suchte. Das gleiche Streben hatten die vielen Naturphilosophen der beiden nächsten Jahrhunderte. Und von Anaximander hören wir, daß er schon das Bedürfnis hat, eine Erklärung zu geben dafür, daß die Erde frei im Weltenraum schwebt, wenn er sagt: sie ist überall gleichweit von der Himmelskugel entfernt, hat also nach keiner Richtung hin das Streben zu fallen. Klingt das nicht ganz nach moderner Gravitationstheorie?

So suchen die Griechen überall das Gesetzmäßige in den Erscheinungen. Deren Ursachen zu finden, überlassen sie seit Thales nicht mehr der dichterischen Phantasie, die Sagen und Mythen bildet. Das willkürliche Walten der Gottheiten wird ausgeschaltet. Dafür werden ein oder zwei allen Stoffen zukommende Kräfte aufgestellt, durch deren Wirken alle Vorgänge in der Natur sich gesetzmäßig und in vollster Harmonie abspielen.

§ 23. Entwicklung der Mathematik und richtigerer Auffassung der Größenverhältnisse. In der Mathematik waren hauptsächlich die Ägypter die Lehrmeister der Griechen. Sie unterwiesen sie in der Feldmeßkunst. Aber erst die Griechen schufen eine wissenschaftliche Geometrie, und schon 300 v. Chr. schrieb Euklid seine 13 Bücher „Elemente", ein Werk, das noch bis in unsere Zeit mustergültig ist. Mit wie gewaltigen Schritten sie vorwärts zu eilen strebten, beweisen die beiden Probleme, an die sie sich schon im 3. und 2. Jahrhundert v. Chr. wagten: sie suchten nicht nur die Äcker und Länder zu vermessen, sondern die ganze Erde, ja sogar den Himmel.

Den richtigen Grundgedanken, wie man bei der Bestimmung des Erdumfanges zu verfahren habe, soll bereits der Pythagoreer Archytas von Tarent 390 v. Chr. angegeben haben. Man muß sich hier nochmals gegenwärtig halten, wie sehr sich die Anschauungen über die Größenverhältnisse des Himmelsgewölbes, also über die Entfernungen der Fixsterne von der Erde seit Thales geändert hatten. Die Ausdehnung der Handelsbeziehungen mit immer weiter entfernten Ländern hat jedenfalls dazu beigetragen. Die Erfahrung, daß auch von den am weitest auseinander liegenden Punkten der damals bekannten Erdfläche aus der Fixsternenhimmel das gleiche Bild zeigt, indem der Abstand der Fixsterne voneinander, weder nach der einen noch nach der andern Seite sich ändert, lehrte, daß die Dimensionen auf der Erde verschwindend klein gegenüber der Entfernung der Fixsterne von der Erde ist. Die Richtungen von verschiedenen Punkten der Erde nach einem Stern sind parallel.

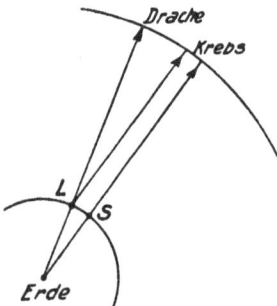

Fig. 17. Gradmessung des Archytas.

24. Die Gradmessungen. (Fig. 17.) Der Gedanke des Archytas ist folgender: In Lysimachia steht der Kopf des Drachens, in Syene zu gleicher Zeit das Sternbild des Krebses im Zenit. Der Bogen zwischen beiden Gestirnen (der Deklinationsunterschied) ist der 15. Teil eines Meridians, also auch der Bogen des Erdmeridians zwischen beiden Orten, und da ihr Abstand $LS = 20\,000$ Stadien ist, so ist der ganze Erdmeridian 300 000 Stadien. Diese Bestimmung· des Erdumfangs, die zum erstenmal 100 n. Chr. erwähnt wird, soll nach neueren Forschungen dem Archytas fälschlich zugeschrieben sein. Merkwürdig ist, daß Aristoteles also etwa 100 Jahre vor Eratosthenes eine entsprechende Zahl für den Umfang der Erde angibt.

Die erste nachgewiesene Messung war von dem Alexandriner **Eratosthenes** um 220 v. Chr. beendet. Auch ihm kommt es darauf an, ein Bogenstück eines Erdmeridians in Winkel- und Längenmaß zu bestimmen. Er benutzte dazu den schattenwerfenden Stab des Gnomon, der aber nicht auf einer horizontalen Scheibe, sondern im tiefsten Punkt einer halbkugeligen, nach oben offenen Schale befestigt war. (Fig. 18). Dieses Instrument, S k a p h e genannt, wird so aufgestellt, daß der Stab die Verlängerung des Erdradius bildet. Der Schatten $\overset{\frown}{ab}$, den er auf die Innenseite der Schale wirft, gibt den Winkel zwischen Sonnenstrahlen und Erdradius. An einem bestimmten Tage wird in Syene der Grund eines senkrechten Schachtes zur Mittagszeit vollbeleuchtet, d. h. also die Sonne steht im Zenit. An diesem Tage maß er mittags in Alexandria mit der Skaphe den Bogen $\overset{\frown}{ab}$ und fand ihn zu $\dfrac{1}{50}$ des ganzen Kreises. Folglich ist auch der Bogen des Meridians zwischen Alexandria und Syene $\dfrac{1}{50}$ des Erdmeridians. Die Entfernung von Alexandria bis Syene betrug nach den Angaben der ägyptischen Geometer 50000 Stadien. Danach wäre der Erdumfang gleich 250000 Stadien.

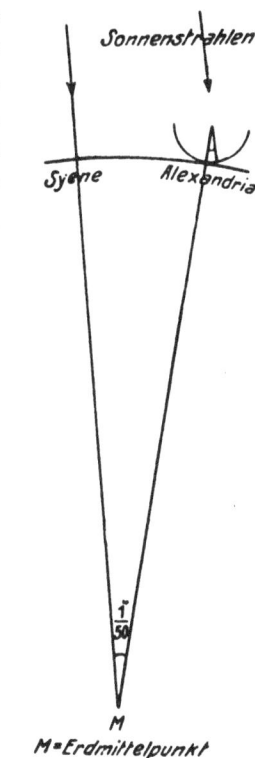

Fig. 18. Gradmessung des Eratosthenes.

Die Angaben über die Länge eines Stadions sind verschieden: 185 m, 180 m, 179 m und noch weniger; das Stadion des Eratosthenes ist wahrscheinlich 180 m. Abgesehen davon, daß Alexandria und Syene nicht genau auf einem Meridian liegen, genügt die Unmöglichkeit, mit der Skaphe den Winkel genau zu bestimmen, allein schon zu verstehen, daß auch die Messung nicht zu einem absolut genauen Ergebnis führte. Bewunderungswert ist jedoch, daß der Grundgedanke dieser Vermessung theoretisch einwandfrei ist, so daß alle neueren Messungen darauf zurückkommen.

Der Gebrauch, den Kreis in 360° zu teilen, ist Aristarch Eratosthenes und Archimedes noch nicht bekannt, wohl aber dem Hipparch geläufig. Ptolemäus,150 n.Chr., führte die Minuten und Sekunden ein. Diese Einteilung ist babylonischen Ursprungs und hängt mit deren Sexagesimalsystem zusammen.

§ 25. Die späteren Gradmessungen. Aus dem Altertume ist nur noch die Gradmessung des Poseidonius, 100 v. Chr., die einen zu kleinen Erdumfang ergab, bekannt. Dieser ließ die Höhe des hellen Sternes Kanopus (a Argus) zu der Zeit bestimmen, wo dieser Stern für Rhodus gerade im Horizont steht. Daraus ergibt sich der Zentriwinkel des Bogens zwischen Rhodus und Alexandria. Syene, Alexandria, Rhodus, Troas, Byzanz lagen schon nach Eratosthenes auf einem Meridian. Die Erdmessung des Poseidonius wurde von Ptolemäus, dem berühmtesten Astronomen und Geographen des nachchristlichen Altertums, benutzt und galt bis in den Beginn der Neuzeit für richtig. Im christlichen Mittelalter fand keine Nachprüfung des Resultates statt, im Gegenteil: in Europa ging sogar das Wissen von der Kugelgestalt der Erde wie vieles andere verloren.

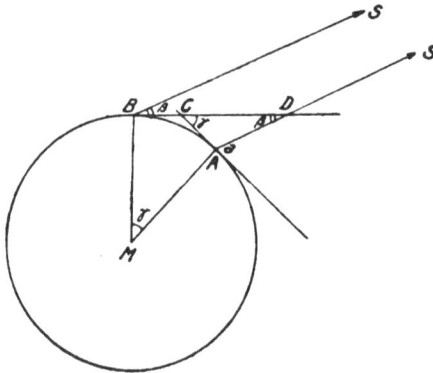

Fig. 19. Gradmessung in Bagdad 827 n. Chr.

Vom 8. Jahrhundert an hatten die Araber die geistige Führung übernommen. Die Chalifen von Bagdad, die die Schriften der Alten, soweit sie noch vorhanden waren, vornehmlich des Aristoteles und Ptolemäus ins Arabische übersetzen ließen, wurden die Förderer der Mathematik und Astronomie. Der Sohn des bekannten Harun als Raschid ließ 827 eine neue Erdmessung ausführen. Es wurden die Polhöhen a und β zweier Orte A und B eines Meridians bestimmt. (Fig. 19.) Deren

Entfernung $\overset{\frown}{AB}$ wurde möglichst genau gemessen, worin allerdings immer die größte Schwierigkeit besteht. Der Zentriwinkel
$A\,M\,B = \gamma$ ist dann gleich $\alpha - \beta$ und der Erdumfang ist gleich
$\dfrac{\overset{\frown}{AB} \cdot 360^0}{\gamma^0}$.

Im Abendlande wurde erst 1525 in Frankreich nach demselben Prinzip die erste Gradmessung zwischen Paris und
Amiens vorgenommen. Im 17., 18. und 19. Jahrhundert folgten
weitere. 1617 lehrte Snellius, wie man den Bogen auf der Erde
durch Triangulation finden kann. 1669 wurde zuerst durch Picard
ein Meßinstrument mit Fernrohr und Fadenkreuz angewendet. Die
sich hierbei ergebende Größe des Erdradius wurde von Newton
einige Jahre später zur Bestätigung seines Gravitationsgesetzes benutzt. Die beiden Gradmessungen in Peru und Lapland 1736 zeigten, daß die Erde nach den Polen zu flacher
gekrümmt sei. (Fig. 20). Wenn bei gleicher
Zunahme der Polhöhe der Bogen $\overset{\frown}{A\,B}$ größer
ist als der Bogen $\overset{\frown}{B\,C}$, so ist dies nur möglich, wenn der erstere flacher ist, d. h. sein
Krümmungsradius größer. Die Gradmessung, welche die französische Republik 1792

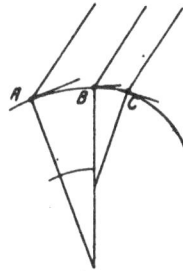

Fig. 20. Abplattung der Erde.

ausführen ließ, ist deshalb wichtig, weil ihr Ergebnis dem neuen
Längenmaß „Meter" zugrunde gelegt ist. 1837 leitet Bessel nach
allen bisherigen Messungen und Untersuchungen für die Erde
die Gestalt eines Rotationsellipsoids ab. Nach ihm ist R_0 die
halbe große Achse, der Radius des Erdäquators $= 6377,397$ km,
R_{90} die halbe kleine Achse, die halbe Erdachse $= 6356,079$ km,

$$\text{Abplattung} = \frac{R_0 - R_{90}}{R_0} = \frac{1}{299}.$$

R mittlerer Erdradius $=$ Radius der Kugel, die das
gleiche Volumen wie das Rotationsellipsoid hat $= \sqrt[3]{R_0{}^2 \cdot R_{90}}$
$= 6370,28$ km.

§ 26. Neueste Bestimmungen der Gestalt der Erde. Schon
1768 wurden Abweichungen des Pendels von der vertikalen
Linie in Piemont nachgewiesen und 1822 bestätigt gefunden.
Nun gibt aber nach dem Gesetz der Schwere bei einer irgendwie

gekrümmten Fläche das Pendel die Richtung des Krümmungsradius an der betreffenden Stelle an. Wenn daher das Pendel
an einem Orte der Erde anders gerichtet ist als der Krümmungsradius des Ellipsoids gerichtet sein müßte, so stimmt die Fläche
auch nicht mit einem Rotationsellipsoid überein. Diese Beobachtung hat man an verschiedenen Punkten der Erde gemacht, woraus sich ergibt, daß sie keine so einfach gestaltete
Oberfläche besitzt. Um dies genauer zu untersuchen wurde 1861
vom preußischen General Baeyer eine internationale Grad-

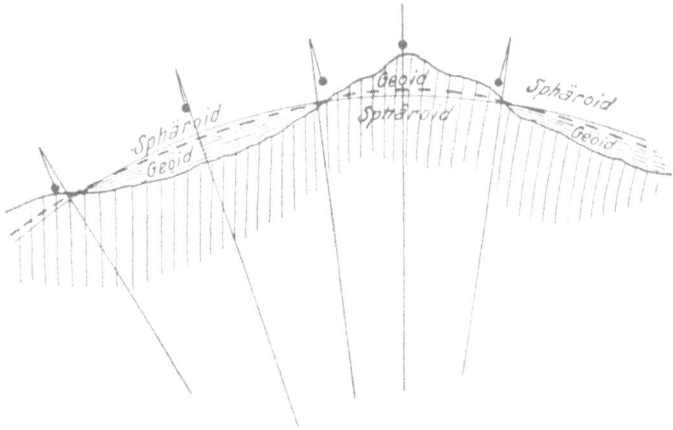

Fig. 21. Geoid.

messung angeregt, die im nächsten Jahre zur Ausführung
kam. England und Amerika schlossen sich erst später an.
Diese Kommission ist noch immer in Tätigkeit. Aus allen Untersuchungen folgt bis jetzt, daß die Erde eine sehr unregelmäßig geformte Gestalt besitzt, Geoid genannt. (Fig. 21). Denkt
man sich nämlich die Oberfläche des Meeresspiegels mittels
kommunizierender Röhren durch die Massen der Kontinente
und Inseln hindurch fortgesetzt, so wird diese den ganzen
Erdkörper umhüllende Oberfläche, über die natürlich alle fest-
ländischen Massen emporragen, als die wirkliche mathematische
Gestalt der Erde zu gelten haben. Da aber die frei beweglichen
Wasserteilchen unter der anziehenden Wirkung der spezifisch
schweren Landmassen in deren Nähe und unter derselben höher
ansteigen, so ist notwendig die Fläche des Geoids um die Kon-

tinente und Inseln herum höher gelegen als im freien Ozean, d. h. die Punkte des Geoids liegen in der Landnähe über den entsprechenden des Rotationsellipsoids, in der Landferne aber unter denselben. Die Geoidfläche ist daher eine Gleichgewichts- oder Niveaufläche von der Eigenschaft, daß sie in jedem ihrer Punkte die Richtung der Resultante aller in diesem Punkte wirksamen Anziehungskräfte, d. h. der Schwere senkrecht durchschneidet. Die Abweichungen vom Rotationsellipsoid sind übrigens unbedeutend, indem sie die Höhe von 250 m nicht über- schreiten.

§ 27. **Aussichtsweite. Kimmtiefe.** Aussichts- weite von der Höhe h ($R = 6370$ km): (Fig. 22).

$$AC = \sqrt{2Rh + h^2} \sim \sqrt{2Rh}.$$

$\overset{\frown}{BC}$ bei kleinem Winkel $= AC$; sonst tg BMC

$$= \frac{AC}{R}.$$

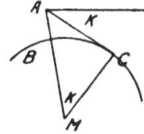

Fig. 22.
Berechnung der
Aussichtsweite.

Bestimme aus der Kimmtiefe den Erdradius.

$$\cos \varkappa = \frac{R}{R+h}; \quad R = \frac{h\cos\varkappa}{1-\cos\varkappa} = \frac{h\cdot\cos\varkappa}{2\sin^2\frac{\varkappa}{2}} \quad \text{und da } \cos\varkappa$$

bei kleinem $\varkappa = 1$

$$= \frac{h}{2\cdot\sin^2\frac{\varkappa}{2}}.$$

Es ist aber der Sinus $=$ dem Bogen, gemessen durch den Radius des Kreises (immer nur bei sehr kleinem $\varkappa$).

Der Bogen zu $\left(\frac{\varkappa}{2}\right)''$ ist gleich $\dfrac{2\pi}{360\cdot60\cdot60}\cdot\dfrac{\varkappa}{2} = \dfrac{1}{206\,264,8}\cdot\dfrac{\varkappa}{2}$;
folglich

$$R = \frac{2h\cdot206\,264,8^2}{\varkappa^2},$$

umgekehrt

$$\varkappa = 206\,264,8''\cdot\sqrt{\frac{2h}{R}}.$$

B. Erklärungsversuche der Vorgänge am Himmel im Altertum.

§ 28. **Die älteren Pythagoreer.** Wie in § 22 gesagt, waren es griechische Philosophen, die zuerst den Versuch machten, die Fülle der Erscheinungen auf ein natürliches, gesetzmäßiges Geschehen zurückzuführen, den Plan, nach dem das Weltall erbaut und nach dem das Getriebe seiner einzelnen Teile vor sich geht und geregelt ist, zu erkennen.

Anaximander hatte bereits die Vorstellung von der sich täglich einmal um die Erde drehenden Fixsternensphäre. Etwaige Kenntnisse von den Planeten sind von ihm nicht berichtet. Erst die Pythagoreer lernten sie von den Babyloniern kennen, und um ihre Bewegungen zu erklären, dachten sie sich diese auf einzelnen Sphären befestigt. In ihrem Weltbild war also die Erde umgeben von acht konzentrischen Kugeln. Die inneren sieben trugen je einen Planeten, die äußerste die Fixsterne. Ihr täglicher Umschwung reißt die innern mit sich, doch haben diese wieder andere Achsen und Geschwindigkeiten, wodurch die Eigenbewegung der Planeten zu erklären sei. Wie die Längen der Saiten, die in harmonischem Akkord zusammenklingen, ein einfaches Zahlenverhältnis aufweisen, so sind auch die Größenverhältnisse der Sphären einfache. Ihr regelmäßiger Umschwung ruft einen Klang hervor, den zu empfinden einem menschlichen Ohr versagt ist (Harmonie der Sphären).

§ 29. Philolaos, Herakleides und Aristarch. Nachdem nun einmal der erste Versuch gemacht, folgten bald neue oder Erweiterungen und Verbesserungen. Der Pythagoreer **Philolaos** (420 v. Chr.) empfindet es schon mißlich, daß die große Fixsternensphäre und die entferntesten Planeten sich täglich um die Erde drehen sollen. Er besitzt als erster die Kühnheit die Erde ihrer bevorzugten zentralen Stellung zu berauben. Wie die andern Planeten dreht sie sich mit einer erdachten Gegenerde um das Zentralfeuer, das uns, wie die Gegenerde, stets unsichtbar bleibt. Die tägliche Drehung der Planeten wird also durch eine Rotation der Erde ums Zentralfeuer erklärt. Die Sphären der Planeten führen. langsame Eigendrehung aus. Man machte ihm natürlich zum Vorwurf, daß er der pythagoreischen Lieblingszahl 10 zu Liebe das Zentralfeuer und die Gegenerde erfunden habe. Von zwei anderen Pythagoreern, H i k e t a s und E k p h a n t o s (410) wird berichtet, daß sie die Erde von W nach O um ihre eigene Achse drehen lassen. **Herakleides** von Pontos (350) vereinigt Erde und Gegenerde mit dem Zentralfeuer im Innern und läßt sie ebenfalls täglich um ihre Achse drehen. Merkur und Venus, die sich ja nie weit von der Sonne entfernen, führen nach ihm kreisförmige Bewegung um diese aus. Sonne, Mars, Jupiter und Saturn drehen sich dagegen noch um die Erde, wodurch ihre Eigenbewegung an der Fixsternensphäre erklärt wird. Herakleides ist somit ein Vorläufer von Tycho Brahe.

Der letzte und bedeutendste in dieser Reihe ist **Aristarch** von Samos. Er ist der eigentliche Begründer des heliozentrischen Systems, an den sich 1700 Jahre später Koppernikus anlehnt. Nach ihm ist die Fixsternensphäre und die Sonne unbeweglich. Erde und die übrigen Planeten drehen sich auf schief zum Äquator liegenden Ebenen um die Sonne. In dem um 150 v. Chr. lebenden Seleukos von Seleukia am Tigris, der dort eine Philosophenschule gründete, fand er einen kräftigen Verteidiger.

§ 30. Eudoxus. Aristoteles. Der Ausbau der Sphärentheorie. Man möchte sich wundern, daß das aristarchische System, das doch unter dem Namen „Koppernikanisches Weltsystem" heutzutage allgemein anerkannt ist, sich seinerzeit keine Geltung verschafft hat, bekämpft wurde, dann in Vergessenheit geriet und durch Koppernikus erst neu entdeckt werden mußte.

Athen hatte zur Zeit des Philolaos bereits die geistige Führung Griechenlands übernommen. Platon († 348) hatte die pythagoreische Lehre von der Drehung der Erde offenbar gekannt, denn er bespricht in seinen Schriften ihre Möglichkeit. Das Weltbild hat in seinem Geiste manchen Wandel durchgemacht. Es ist nicht entschieden, welche Gestalt es bei ihm zuletzt angenommen hat, doch scheint er sich für die Bewegung der Erde, wenigstens für ihre Rotation, erklärt zu haben. Aber Eudoxus, einer seiner Jünger (368 v. Chr.) und bedeutender Astronom, hatte die alte pythagoreische Sphärentheorie weiter ausgebaut. Bei der Bewegung der Planeten sprach man von Anomalien, das sind Abweichungen verglichen mit der Bewegung der Fixsterne. Die Bewegung der Sonne z. B. in der schief zum Äquator stehenden Ekliptik war die eine, ihre scheinbar schnellere Verschiebung den Sternen entgegen im Winter gegenüber der langsameren Verschiebung im Sommer eine zweite, die freilich erst später erkannte Präzession des Frühlingspunktes eine dritte Anomalie. Solche Anomalien zeigen auch die Bewegung des Mondes und der andern Planeten. Zur Erklärung der Anomalien nahm nun Eudoxus für jeden Planeten mehrere Sphären an. Der Planet befindet sich auf der innersten Sphäre, diese dreht sich um eine eigene Achse in der sie umgebenden zweiten Sphäre, diese wieder dreht sich um eine anders gerichtete Achse in der sie umgebenden dritten usf. So braucht Eudoxus für die 7 Planeten mit der Fixsternensphäre 27 Sphären.

30 Jahre später begann **Aristoteles** seine Enzyklopädie der Naturwissenschaften abzufassen. Er kannte natürlich die Sphärentheorie des Eudoxus, aber auch die Lehren des Philolaos und Herakleides. Allein als ausgezeichneter Naturbeobachter mußte er sich den Kenntnissen der damaligen Zeit entsprechend gegen die letzteren wenden. Einmal sprach der Augenschein gegen sie, aber noch mehr: er konnte Beweise gegen die Rotation der Erde anführen. Ein senkrecht in die Höhe geworfener Stein müßte doch westlich vom Standort des Werfenden niederfallen, wenn die Erde rotierte! Und würde sich die Erde von ihrem Standort fortbewegen, dann müßten die Sternbilder auch ihre Figuren ändern. Diese Einwürfe konnte man nicht entkräften. Denn das Trägheitsgesetz, nach dem der Stein die Bewegung der Erde mitmacht, hatte erst Galilei erkannt. Und zur unendlich großen Dimension der Himmelskugel, die notwendig anzunehmen ist, um die Unveränderlichkeit der Sternbilder aus verschiede-

nen Punkten einer etwaigen Erdbahn gesehen begreifen zu können, hat noch nicht einmal ein Tycho sich verstanden.

Aristoteles bekannte sich daher zur Sphärentheorie des Eudoxus und gestaltete sie noch weiter aus, indem er 29 Sphären zu denen des Eudoxus hinzufügte, um die Anomalien besser erklären zu können. Seine enzyklopädische Tätigkeit und sein umfassendes Wissen, das für die damalige Zeit etwas Außerordentliches war, verschafften ihm ein solches Ansehen, daß sogar die christliche Kirche noch 20 Jahrhunderte später mit seiner Weltanschauung zu harmonisieren suchte, und die Forscher des 16. und 17. Jahrhunderts Mühe hatten, gegen irrige Ansichten des Aristoteles anzukämpfen. Daher wurde auch die Lehre des Aristarch, der ein halbes Jahrhundert später gelebt hatte, nicht beachtet.

§ 81. Aristarchs Berechnung des Verhältnisses vom Sonnen- durch Mondabstand. Das aristotelische Weltbild mit seinen 56 Sphären war für die rechnende Astronomie zu verwickelt, daher wandten sich die beiden bedeutendsten Astronomen des Altertums, Hipparch und Ptolemäus, andern Erklärungsformen zu. Die Hauptsache: die stillstehende Erde im Mittelpunkt, umkreist von den Planeten und der täglich rotierenden Fixsternenkugel, ließen sie unangetastet, den komplizierten Sphärenmechanismus ersetzten sie durch Bewegung auf Kreisen. Um aber die Weiterentwicklung des Weltbildes im Altertum zu verstehen, muß noch einer Leistung des Aristarch gedacht werden. Etwa gleichzeitig mit dem Unternehmen des Eratosthenes, den Umfang der Erde zu messen, versuchte er es, über die Dimensionen am Himmel Einsicht zu erlangen.

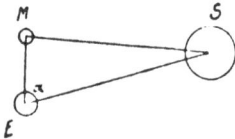

Fig. 23. Aristarchs Berechnung des Mondabstands.

Es gelingt ihm nur ein Verfahren anzugeben, das Verhältnis von Sonnenabstand und Mondabstand zu erhalten, auch führt er die Messung aus, erhält aber wegen der unvollkommenen Meßapparate recht mangelhafte Zahlen. Aber alle Astronomen der Folgezeit stützten sich auf diese, bis sie erst in der Neuzeit durch richtigere ersetzt wurden. Sein Verfahren ist kurz folgendes. (Fig. 23). Zur Zeit des ersten oder letzten Viertels des Mondes ist $\angle EMS = 90°$. Der Winkel $SEM = \angle \alpha$ wurde von Aristarch gemessen, er fand ihn $= 87°$ (nach seiner Ausdrucksweise: $\dfrac{1}{30}$ des Viertelkreises weniger als ein Viertelkreis, vgl. § 24 Eratosthenes). Das Dreieck kann somit in verkleinertem Maßstab gezeichnet und das Seitenverhältnis bestimmt werden. Aristarch fand für $SE : ME = 19 : 1$ (heute 390 : 1). Theoretisch ist das Verfahren Aristarchs einwandfrei, nur ist der Moment, in dem die Mondscheibe gerade halbkreisförmig ist, kaum genau zu ermitteln.

§ 32. Hipparchs Berechnung der Entfernung von Sonne und Mond. Hipparch (150 v. Chr.), der bedeutendste vorchristliche Astronom, zeigte, wie man die Entfernung von Sonne und Mond berechnen kann. Eine totale Mondfinsternis tritt ein, wenn sich der Mond in der Ekliptik befindet und genau der Sonne gegenübertritt. Da er sich täglich langsamer als die Sonne um die Erde bewegt, wird er vom Erdschatten eingeholt. (Fig. 24). Während 24 Stunden beschreibt der Mond 347°, es nähert sich also die Linie SEN täglich um 13° dem Mond. Um $\sphericalangle MEM'$ zu beschreiben, braucht sie nach Hipparch 2½ Stunden, mithin

$$\sphericalangle MEM' = \frac{13° \cdot 2^1/_2}{24} = 81', \quad \sphericalangle MEN = 41' \, m. \quad \sphericalangle SEA = s = 15', \text{ siehe}$$

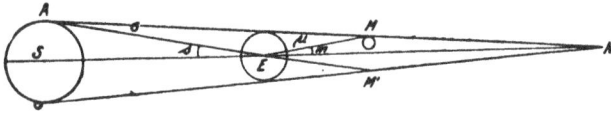

Fig. 24. Hipparchs Berechnung des Sonnen- und Mondabstandes.

Anmerkung. Es ist nun $m + s = \mu + \sigma = 56'$ nach Hipparch $= 1°$, ferner

$$\frac{\sin \sigma}{\sin \mu} = \frac{EM}{EA} = \frac{1}{19}$$

in moderner Ausdrucksweise. Wegen der Kleinheit der Winkel μ und σ ist $\sin \mu = \widehat{\mu}$, und $\sin \sigma = \widehat{\sigma}$; also

I. $\sigma : \mu = 1 : 19$,

II. $\mu + \sigma = 60$;

folglich $\sigma = 3'$ und $\mu = 57'$.

Weiter ist Erdradius $r = \sigma \cdot EA$ oder $\sigma \cdot ES$, und $r = \mu \cdot EM$, und daraus

$ES = r : 0,000873 = 1150 \, r$ (23500 r gilt heute!),

$EM = r : 0,016581 = \quad 60 \, r$ (diese Zahl gilt auch heute[1]) noch).

Während also Hipparch die Mondferne ziemlich richtig fand, erhielt er für die Entfernung der Sonne einen viel zu kleinen Wert, der bis in den Beginn der Neuzeit Geltung behielt.

Aus Entfernung und scheinbarem Radius eines Gestirnes erhält man den wirklichen Radius. Für den Mond erhielt daher Hipparch etwa den jetzt für richtig erkannten Wert, für den Sonnenradius dagegen nur etwas über 5 Erdradien. Immerhin sieht man, wie sich die Dimensionen des Weltalls in der Vorstellung der Griechen allmählich erweiterten. Aristarch schätzt den Durchmesser der Sonne kaum doppelt so groß

[1]) Ptolemäus findet in ähnlicher Weise für ES einen etwas größeren Wert, 1210 r, und sein Wert für GM variiert zwischen 34 r! bis 64 r (heute gilt er etwa 57 r bis 64 r). Zu beachten ist eben auch der wechselnde Abstand beider Gestirne von der Erde.

als den der Erde, während 200 Jahre vorher noch Anaxagoras die Sonne für „nicht viel größer als den ganzen Peloponnes" hielt.

Anmerkung. Den scheinbaren Durchmesser der Sonne und im Zusammenhang damit eine Tageseinteilung hatten die Babylonier in folgender Weise gefunden. Aus einem großen Behälter mit Wasser, das ständig auf gleicher Höhe gehalten wird, läßt man bei Sonnenaufgang von dem Moment, in dem der oberste Sonnenrand den Horizont berührt, Wasser in ein kleines Gefäß fließen, bis die Sonne völlig sichtbar ist. Dann vergleicht man das Gewicht dieser kleinen Wassermenge mit dem Gewicht derjenigen, welche während des ganzen Tages ausfließt und erhält das Verhältnis 1:720. Daraus folgt, daß der scheinbare Durchmesser der Sonne der 720. Teil des Vollkreises ist, d. h. = ¹/₂°. Dementsprechend teilten sie den Tag in 12 Doppelstunden zu 60 (Doppel)minuten.

§ 88. Hipparchs Sonnentheorie. Die aristotelischen Sphären ließen sich, wie schon erwähnt, zur Vorausberechnung der Sonnen- und Mondörter nicht verwerten. Für diesen Zweck gab Hipparch eine neue Sonnen- und Mondtheorie. Er fügte sich der Autorität des Aristoteles, insofern er für beide die kreisförmige Bewegung mit gleichförmiger Geschwindigkeit beibehielt. Um aber die scheinbare ungleiche Winkelgeschwindigkeit

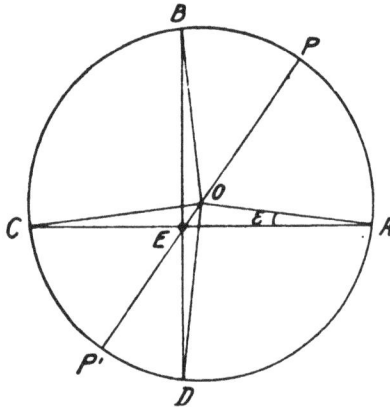

Fig. 25. Hippardis Sonnenbahntheorie.

im Tierkreis zu erklären, setzte er die Erde nicht in den Mittelpunkt des Kreises. Er verfuhr dabei folgendermaßen: Zu seiner Zeit dauerte das Frühjahr 94,5 Tage, der Sommer 92,5, der Herbst 88 und der Winter 90 Tage. (Fig. 25). Ist nun $ABCD$ die Sonnenbahn, A der Frühlingspunkt, B, C und D jeweils der Stand der Sonne im Sommersolstitium, Herbstäquinoktium und Wintersolstitium, so müssen sich verhalten $\overarc{AB} : \overarc{BC} : \overarc{CD} : \overarc{DA} = 94{,}5 : 92{,}5 : 88 : 90$, und da ihre Summe $= 360°$, so ist $\angle AOB = 93° 12'$, $\angle BOC = 91° 14'$, $\angle COD = 86° 48'$ und $\angle DOA = 88° 46'$. Die Erde steht dann im Schnittpunkt von AC und BD. Es ergibt sich weiter $\angle OAE = 2° 13'$, $\angle ODE = 59'$, $\angle AED = 90°$.

Damit war die scheinbare langsamere Bewegung der Sonne im Sommer erklärt, die Bögen $\overarc{AB}$, $\overarc{BC}$, $\overarc{CD}$, $\overarc{DE}$ erscheinen von E aus unter einem

rechten Winkel, werden aber ihrer Größe entsprechend in verschiedenen
Zeiten durchlaufen. Weiter folgt daraus, daß die Sonne im Sommer
weiter von der Erde entfernt ist als im Winter, und damit erklärt sich
auch ihr scheinbar kleinerer Durchmesser im Sommer als im Winter,
was Hipparch wohl beobachtete. $\angle OEA$ findet er zu 66° (genauer wäre
65° 7′ 56″), EO die Exzentrizität $= \frac{1}{24} OA$ (genauer $\frac{1}{23}$ nach trigonometrischen Rechnungen). EO trifft den Tierkreis in P (Apogaeum =
Erdferne) und P' (Perigäum = Erdnähe). PP' nennt er die Apsidenlinie.

In ähnlicher Weise behandelt er die Mondbewegung. Doch gelingt
es ihm nicht, alle Eigentümlichkeiten derselben zu erklären. Völlig im
Stiche lassen ihn die exzentrischen Kreise bei der Bewegung der andern
Planeten.

Anmerkung. Von der bedeutendsten astronomischen Leistung des Hipparch,
seinem Sternenkatalog und der Entdeckung der Präzession, ist in § 17 gesprochen
worden.

§ 34. Das ptolemäische Weltsystem. Schon ein Jahrhundert
vor Hipparch hatte Apollonius von Pergä, in Alexandria gebildet (etwa 200 v. Chr.) (bedeutender Mathematiker, apollo-
nisches Berührungsproblem, Kegelschnitte in synthetischer Behandlung) den Gedanken gehabt, die Planetenbahnen mit Hilfe
von Epizykeln zu beschreiben. Aber erst **Klaudius Ptolemäus**
(etwa 100—178 n. Chr.), der letzte und bekannteste Astronom des
Altertums, auch Mathematiker und Geograph, griff dieses Problem
wieder auf, sich auf Apollonius stützend, und führte es mathematisch wenigstens zu einem befriedigenden Abschluß. In seinem
erhaltenen Werk der Almagest (arabisch, aus megiste syntaxis;
al ist arabischer Artikel) gibt er eine zusammenfassende Darstellung des mathematischen und astronomischen Wissens der
Alten überhaupt. Die Trigonometrie, die Hipparch begründete,
und die Epizykellehre des Apollonius hat er selbständig weiter-
geführt. Für das folgende Anderthalbjahrtausend ist sein
Werk maßgebend. Als das christliche Abendland im Ausgang
des Mittelalters mit den Schriften des Aristoteles wieder bekannt wurde und die Kirche diese geradezu sanktionierte, wurde
auch das ptolemäische Weltsystem, d. i. seine Lehre von
der Bewegung der Gestirne, als unbestreitbar richtige Wahrheit
anerkannt. Es war bis ins 17. Jahrhundert hinein schwierig,
ja sogar gefährlich, wie wir noch sehen werden, gegen die Lehre
des Ptolemäus ebenso wie gegen die Philosophie des Aristoteles
anzukämpfen.

Ein Kreis, der Epizykel genannt, dreht sich mit gleicher Geschwindigkeit um seinen Mittelpunkt. Dieser selbst bewegt sich ebenfalls mit konstanter Geschwindigkeit auf einem Hauptkreis, dem Deferenten. Ein beliebiger Punkt des Epizykels beschreibt dann eine Epizykloide, deren Gestalt abhängig von dem Verhältnis der Radien des Deferenten und Epizykels sowie vom Verhältnis der Winkelgeschwindigkeiten beider Drehungen ist. Solche Epizykloiden läßt nun Ptolemäus die Planeten, ausgenommen die Sonne, beschreiben. Für die Sonne ließ er die Hipparchsche Theorie ungeändert. Für die Planeten ist $r_d : r_e > 1$, $v_d : v_e < 1$[1]). Dadurch entstehen die Schlingen, es erklären sich die zeitweise Rückläufigkeit und die scheinbaren Stillstände der Planeten. Die Erde steht wie bei Hipparch exzentrisch zum Deferenten. Zur genaueren Übereinstimmung mit den Beobachtungen bilden die Ebenen der Epizykeln und Deferenten kleine Winkel. In späteren Jahrhunderten ließ man sogar den Planeten auf einem zweiten Epizykel laufen, der sich auf dem ersten Epizykel bewegt. Für den Mond brauchte Ptolemäus einen kleinen Epizykel mit sehr geringer Winkelgeschwindigkeit, so daß die Epizykloide keine Schlingen bildet, sondern ellipsenförmig wird.

§ 35. Gründe für das ptolemäische Weltsystem. Ptolemäus hatte sich von den Sphären des Eudoxus und Aristoteles mit Ausnahme der Fixsternensphäre freigemacht. Aber er ließ die Erde ruhend im Mittelpunkt der Welt und die Planeten bewegten sich gleichförmig auf Kreisen, die nach Aristoteles vollkommene und den göttlichen Himmelskörpern einzig angemessene Bewegung. Seine Theorie entsprach dem Augenschein und den damaligen Kenntnissen, was von der Aristarchischen Lehre nicht gesagt werden kann (§ 30). Ob er und Hipparch ihren Planetenbahnen überhaupt Realität beimaß, d. h. ob sie einen Himmelsmechanismus für möglich hielten, nach dem die Planeten in der beschriebenen Weise herumgeführt würden, wird man dahingestellt sein lassen müssen. Es hatte sich in der Betätigung der Philosophen und

---

[1]) Nimmt man $r_d =$ Sonnenabstand von der Erde, $r_e =$ Planetenabstand von der Sonne, so ist der Übergang zum Koppern. System geometrisch einfach. S. Fig. 34 und 35.

Gelehrten seit Aristoteles ein großer Umschwung vollzogen.
Thales, Pythagoras und ihre Nachfolger hatten kühn, aber auch
skrupellos, kann man sagen, auf Grund verhältnismäßig geringer Erfahrungen und Kenntnisse Weltsysteme geschaffen,
die sich nicht halten konnten. Als sich die Naturkenntnisse
häuften, fing die Philosophie an, sich in einzelne Wissensgebiete
zu teilen und zu gliedern, bei denen der praktische Nutzen
mehr und mehr in den Vordergrund trat. Und so kam es den
Astronomen vor allem darauf an, brauchbare Mittel zu er-
sinnen, mit denen die Stellung der Planeten vorausberechnet
werden konnten.

**§ 36. Der Verfall und Rückschritt der Wissenschaften nach der Völker-
wanderung.** Mit dem Tode des Ptolemäus hörte für lange Zeit eine Weiterentwicklung und Förderung der Astronomie auf. Alexandria, das seit
300 v. Chr. der Mittelpunkt des geistigen und wissenschaftlichen Lebens
war, verlor allmählich beim Vordringen des Christentums seine Bedeutung.
Das Sinnen, Denken und Fühlen der Menschheit hatte durch die von
Jesu ausgehende Lehre eine ganz andere Richtung bekommen. Das Verhältnis der Seele zu Gott kennenzulernen, ist allein der Forschung wert.
„Jedes weitere Studium ist nach dem Evangelium nicht mehr vonnöten",
schreibt Tertullian, und Eusebius meint von den Naturforschern seiner
Zeit: „Nicht aus Unkenntnis der Dinge, die sie bewundern, sondern aus
Verachtung ihrer nutzlosen Arbeit, denken wir gering von ihrem Gegen-
stande und wenden unsere Seele der Beschäftigung mit besseren Dingen
zu" (nach Dannemann). Dazu kamen die Verwüstungen und Verheerungen,
die die Völkerwanderung im Gefolge hatte. Auch darf nicht vergessen
werden, daß das Wissen der Alten nur von einer geringen Zahl vornehmer
oder vermögender Auserwählter gepflegt worden war. Gerade diese
rafften die Völkerstürme des 4. bis 6. Jahrhunderts hinweg. Die große
Masse des Volkes war unwissend und ungebildet geblieben. Als die Träger
der Wissenschaften ausgestorben und ihre Werke vernichtet waren, war
auch keine Erinnerung mehr an alte geistige Schätze zurückgeblieben.
So wird die Erde wieder im 5. und 6. Jahrhundert eine in der Mitte
erhabene Scheibe, um die sich täglich die lachende Sonne[1]) herumbewegt.

§ 37. Die islamische Wissenschaft (Astronomie). Während dieses
Tiefstandes in Europa war auch in Ägypten und den von Griechenland
geistig abhängigen Orten das wissenschaftliche Interesse geschwunden.
Die Handschriften wurden verbrannt und zerstreut oder sie verkamen
unter Schutt und Moder. Nur die dürftigsten, soweit die kirchliche
Zeitrechnung sie erforderte, wurden in Klöstern weitergepflegt. Ernst-
licher scheint man sich in Gebieten, wo noch heidnische Kulte und

---

[1]) So zeigt es ein Bild aus einem Buche dieser Zeit.

Gestirndienst herrschten, wie im nördlichen Syrien bei den Sabiern, aber auch bei den Persern und Indern des 5. und 6. Jahrhunderts mit Astronomie und ihren Hilfswissenschaften befaßt zu haben, wenn auch der Grund dazu die Astrologie war. Denn als die von ihren persischen Ministern beeinflußten abbasidischen Chalifen (al Mansur [754 bis 755] und al Mamun [813—833], eines Nachfolgers des bekannten Harun al Raschid anfingen, an ihren glänzenden Höfen auch die Wissenschaften zu pflegen, ließen sie sich vor allem persische und indische Astrologen kommen. Einer der berühmtesten ist heute noch in zwei Ausdrücken lebendig, Muhamed ibn Musa al Khwarizmi. Von ihm rührt das älteste arabische Buch über Algebra (al-dschabr = Ergänzung), und von seinem Namen ist das Wort Algorithmus, mit dem wir ein Rechenverfahren bezeichnen, abzuleiten. Nach indischen Vorbildern hat er den Sinus in die Trigonometrie eingeführt. Bald wetteifern auch die Araber selbst mit den Persern; die Chalifen gründen Akademien, kaufen griechische Handschriften auf und lassen sie durch sprachkundige Syrer ins Arabische übersetzen. Denn wie das Latein im Abendland, so war Arabisch im Orient die allgemein wissenschaftliche Verkehrssprache. Die Hochblüte der arabischen Wissenschaft dauerte vom 9. bis zum 13. Jahrhundert. In dieser Zeit haben die Muslime nicht nur das ganze griechische Erbe bewältigt, sondern darüber hinaus die Genauigkeit der Beobachtung, die Eleganz der mathematischen Behandlung und besonders die Genauigkeit der Tafeln in hohem Grade gesteigert. Die Astronomie erreichte durch al Biruni († 1048) und zuletzt Nasir-Eddin-al-Tosi († 1274) eine Vollendung, die im Abendland erst durch Regiomontan erreicht wurde.

Das arabische Weltreich zerfiel bald in mehrere Chalifate. Das spanische mit dem Hauptsitz in Kordova hatte für die abendländische Welt im 12. Jahrhundert insofern große Bedeutung, als von dort vielfach die Anregung zum Studium der Schriften des Altertums ausging. Der Kaiser Friedrich II. und der Papst Silvester II. hatten arabische Lehrer.

§ 88. Scholastik. Vom 13. Jahrhundert an übernahmen die christlichen Länder die Führung auf wissenschaftlichem Gebiet. Vornehmlich waren es die Mönchsorden, die sich das Studium der antiken Werke, soweit und so gut sie durch die arabischen Übersetzungen zugänglich waren, angelegen sein ließen. Neben den Klosterschulen entstanden in Paris, Bologna, Padua, Salerno, Neapel, Cambridge und Oxford Universitäten. — Die Gelehrtenschulen Karls des Großen waren längst in Verfall geraten. — Im 14. Jahrhundert folgten die deutschen Universitäten Prag, Wien und Heidelberg. Aber die ganze Gelehrsamkeit der Scholastiker verfolgte doch hauptsächlich das Ziel, die kirchlichen Dogmen mit aristotelischer Logik und Philosophie der menschlichen Vernunft plausibel zu machen.

Fast ganz vereinzelt steht Roger Bacon im 13. Jahrhundert, der durch manche neuen Ideen und Kenntnisse überrascht. Die alte pytha-

goreisch-aristotelische Lehre von der Kugelgestalt der Erde brachte ihn
auf den Gedanken, man müsse auf einer stets nach Westen gerichteten
Seefahrt Asien erreichen, einen Gedanken der erst zwei Jahrhunderte
später Kolumbus zum kühnen Wagnis trieb.

§ 39. Renaissance. Endlich im 15. Jahrhundert — in Italien schon
im 14. Jahrh.: Petrarca, Boccaccio — macht sich eine freiere Geistes-
richtung und selbständige Weiterentwicklung auf wissenschaftlichem
und technischem Gebiete bemerkbar. Es ist das Jahrhundert, das,
unterstützt durch die Buchdruckerkunst, den Boden schuf und be-
reitete für die gewaltigen Reformationen auf kirchlichem und wissenschaftlichem Gebiet, zunächst aber die großen Entdeckungsfahrten ein-
leitete. Der geistige Umschwung war eine Folge des Aufblühens der
Städte, in denen die tüchtigen und von Glück begünstigten Handel und
Gewerbe treibenden Kaufleute Schätze und Reichtümer ansammelten und
zu Herren in ihrem Gemeinwesen wurden. Ihre Reichtümer verführten
sie oft zu maßlosem Luxus, dadurch wurde aber auch die Kunst und
nicht zuletzt die Wissenschaft hervorragend gefördert (vgl. Nürnberg).
Das Studium der alten lateinischen und griechischen Klassiker wurde
wieder Mode, und unterstützt wurde dieses Streben durch die griechischen
Gelehrten, die vor den immer weiter von Osten vordringenden Osmanen
in die Länder des Abendlandes flüchteten.

Zu den hervorragendsten Gelehrten, die als Vorläufer der neueren
Zeit gelten, verdient der deutsche **Nikolaus von Cusa** genannt zu werden.
Sein eigentlicher Name ist Krebs, geboren zu Kuës an der Mosel. Aus
ärmlichen Verhältnissen hervorgegangen, brachte er es zum einflußreichen
Kardinal. Ausgerüstet mit enzyklopädischem Wissen, das die Gelehrten
des Mittelalters überhaupt auszeichnete, war er ein großer Förderer des
Humanismus. Als erster nimmt er wieder eine Eigenbewegung der Erde
an und hält die Welt für unendlich groß und unbegrenzt, ein Gedanke,
den erst Giordano Bruno wieder aufnimmt; seine weiteren Anschauungen
über den Weltenbau bleiben freilich unklar. Auch sein großer Zeitgenosse **Leonardo da Vinci** war nach vielen Richtungen bahnbrechend. Er
ist als Maler und Bildhauer hoch geschätzt, und war ein ausgezeichneter
Architekt und Ingenieur. Nicht minder hervorragend sind seine wissenschaftlichen Leistungen auf dem Gebiete der Anatomie, Astronomie,
Geographie und besonders der Mechanik, die leider nicht veröffentlicht
wurden und daher ohne Einfluß auf die Folgezeit blieben. Auch er
lehrte, daß die Erde ein Gestirn wie die übrigen sei und nicht im Mittelpunkt der Welt stehe.

§ 40. Peuerbach und Regiomontan. In der Astronomie übernahm
Deutschland die Führung. Die Araber hatten bereits statt der Sehnen des
Hipparch und Ptolemäus den Sinus und die Tangens in ihrer Trigonometrie eingeführt, doch waren ihre Schriften damals in Deutschland noch
nicht bekannt. Unabhängig von den Arabern führte nun **Peuerbach** den Sinus
ein, er berechnete eine Sinustafel und konstruierte zur astronomischen Winkel-

messung das „Quadratum Geometricum". Sein jüngerer Zeitgenosse und Schüler (Peuerbach lehrte in Wien) **Regiomontanus** (Johannes Müller aus Königsberg in Franken) wirkte hauptsächlich in Nürnberg, welches ihm die erste deutsche Sternwarte baute. Er gab ebenfalls eine Sinustafel heraus, bei der das Dezimalsystem völlig durchgeführt war. Er nahm den Radius = 10 000 000 Einheiten an, also noch keine Dezimalbrüche! Er ist der Begründer der neueren Trigonometrie, führte ebenfalls unabhängig von den Arabern die Tangens ein, verfertigte ein Astrolabium, von ihm Torquetum genannt, das den Übergang der Astrolabien des Altertums zu den modernen parallaktischen Instrumenten bildet. Er gab Kalender heraus, die zwar nicht die ersten überhaupt waren, aber für lange Zeit mustergültig sind. Seine wichtigste Leistung sind die Ephemeridentafeln für die Jahre 1475 bis 1505. Sie enthalten für diese Zeit die Konstellation sämtlicher Planeten für Nürnberger Zeit. Kolumbus, Vasco de Gama, Vespucci und andere Seefahrer, die durch den Nürnberger Großkaufmann Martin Behaim mit ihnen bekannt wurden, benutzten sie auf ihren Entdeckungsfahrten, um Längenbestimmungen ausführen zu können. Regiomontan starb 40 Jahre alt (1476) mit der Übersetzung des Almagest aus dem Urtext ins Lateinische beschäftigt.

II. Teil.
Die Erklärung der Erscheinungen in der Neuzeit.

A. Die Entstehung und Ausbreitung des Koppernikanischen Systems.

§ 41. **Kolumbus. Luther. Koppernikus.** Es muß eine eigenartige Zeit gewesen sein um die Wende des 15. Jahrhunderts. Mehr als ein Jahrtausend hatte es gebraucht, bis das christliche Abendland die verlorengegangenen Spuren des Altertums wieder aufnehmen konnte, um den Aufstieg, den die Griechen in der Erforschung des Universums, der stofflichen und geistigen Erscheinungen von Thales bis Ptolemäus begonnen, fortzusetzen. Langsam gings freilich anfangs, und man schaute die Welt nicht mit den schönheitsfrohen, auf einen vernünftigen Genuß des irdischen Daseins gerichteten Sinnen der Alten an, sondern mit der kirchlichen Brille, die, völlig abgekehrt von dieser Welt, einen Ausblick ins selige Jenseits eröffnete, aber auch nur denen, die der Kirche blinden Gehorsam leisteten. Wehe dem Ungläubigen!

Nur dürftig hatte sich die Scholastik die Kenntnisse der Alten angeeignet und sie nur für die Bedürfnisse der Kirche zugeschnitten. Selten reckte einer freier sein Haupt wie Roger Bacon, um es schwer büßen zu müssen. Jetzt fing man in den klassischen Schriften einen anderen Geist zu erkennen an. Die führenden Geister zeigten, daß und wie und wo man weiter kommen könne. Sie folgten nicht mehr unbedingt der Autorität des Aristoteles und Ptolemäus. Selbst müsse man beobachten und nur der Versuch, das Experiment beweise.

Groß waren die Gegensätze zwischen mittelalterlicher Befangenheit und kühnem Forschergeist, die hier oft nebeneinander, sogar in ein und demselben Kopfe wohnten und da und dort aufeinanderplatzten. Dies beweist sehr deutlich die Vorgeschichte der Entdeckung Amerikas. Das Konzil zu Salamanka widerlegte Kolumbus aus der Bibel und den Kirchenvätern. Ja, es warnte ihn, zu weit westlich zu segeln, denn wenn es ihm auch gelänge herunter zu den von ihm angenommenen Gegenfüßlern zu fahren, hinauf nach Spanien käme er doch nicht mehr.

Nun kamen vom fernen Westen her ganz wunderbare Berichte, von neuen Welten und Menschen, von etwas ganz Fremden, Ungeahnten, wovon weder die Kirche noch die Kirchenväter oder sonst eine Autorität etwas geahnt hatte. „Kolumbus hatte den ehernen Ring, den die Kirche und die Scholastik um die Wissenschaft geschmiedet, an einer Stelle durchbrochen" (Rosenberger, Gesch. d. Ph.). Was Wunder, wenn die Zweifel an der Richtigkeit bisher gültiger Lehren, die ja schon längst da und dort laut geworden waren, die beiden freilich auf ganz verschiedenen Gebieten wirksamen bedeutendsten Persönlichkeiten dieser Zeit dazu drängte, auf Reformen zu sinnen und Reformen zu schaffen: **Luther** und **Koppernikus.** Während aber Luther kühn und unerschrocken seine neue Lehre aller Welt verkündete, sie verteidigte, seine Gegner angriff und bedrängte, Anhänger warb und in Mengen um sich scharte, bewahrte der bedächtige, zaghafte Koppernikus seine Reformarbeit „de revolutionibus" mehrere Jahrzehnte in seinem Studierzimmer, sie immer von neuem prüfend, bis er kurz vor seinem Tode, von seinen Freunden dazu gedrängt, sie dem Drucke übergab. Und doch hat gerade sein Werk, wie kaum eines in der neueren Geschichte langsam aber unaufhaltsam die ganze Weltanschauung so nachhaltig beeinflußt und so wesentlich umgeformt.

§ 42. Die Unwahrscheinlichkeit des ptolemäischen Systems. Die Epizykelnlehre des Ptolemäus hatte, so sinnreich und brauchbar sie anfangs erschienen, den Astronomen stets große Schwierigkeiten bereitet, ohne daß sie etwas anderes dafür setzen konnten. Schon der Westaraber Averrhoës (1126—1198), der den Almagest kommentierte, sagt, obwohl er sich sonst ganz an Ptolemäus anschließt: „die Rechnungen seien zwar richtig, der wirkliche Sachverhalt werde aber durch dieses System nicht dargestellt. Die Epizykeln und Exzentrizitäten seien ohne Wahrscheinlichkeit, er wünscht, daß seine Worte andere zur Forschung anregen möchten, er sei selbst schon zu alt." Nicht ganz ein Jahrhundert später ließ Alfons von Kastilien in Toledo von 50 arabischen, jüdischen und christlichen Gelehrten die Planetentafeln des Ptolemäus revidieren, weil die beobachteten Planetenkonstellationen in Wirklichkeit nur sehr unvollständig mit den aus den Tafeln berechneten übereinstimmten. Die Schwierigkeiten, die sich dabei ergaben, charakterisieren die Worte, die ihm später den Thron kosteten: „Wenn mich Gott bei der Erschaffung der Welt zu Rate gezogen hätte, würde ich ihm größere Einfachheit empfohlen haben."

§ 43. Koppernikus: de revolutionibus. Von den Ansichten des Nikolaus Cusanus und des Leonardo da Vinci ist schon oben gesprochen worden. So konnte sich auch Koppernikus nicht von der Wahrscheinlichkeit des Ptolemäischen Systems überzeugen und er wurde der Mann, den Averrhoes schon 350 Jahre früher erhofft hatte. Als Student in Krakau und Nürnberg, welches durch Regiomontan zum Mittelpunkt mathematischer und astronomischer Gelehrsamkeit geworden war, aber ebenso sehr als Hauptsitz mechanischer Fertigkeit Ruf hatte (das Nürnberger Ei wurde etwa 1505 erfunden), und später an verschiedenen Universitäten Italiens hatte er ebenfalls die Klassiker kennen gelernt und fand in ihnen die längst vergessenen Ideen des Hiketas und Philolaos; den Aristarch erwähnte er nicht, doch hat er nach Boll „astronomisches Weltbild" von ihm gewußt. Zugestandenermaßen lehnte er sich also an die alten Pythagoreer an, geht aber weit über das hinaus, was notizenweise von ihnen berichtet wird, indem er in einem umfangreichen Werk „de revolutionibus" erschöpfend sein System darstellt und das Für und Wider sorgfältig prüft und abwägt. In folgenden Hauptsätzen ist seine Lehre zusammengefaßt: 1. Die Erde dreht sich täglich um ihre Achse von W nach O. 2. Die Erde bewegt sich jährlich auf einem Kreise um die Sonne. 3. Die Erdachse macht jährlich (in bezug auf ihren Radiusvektor in der Erdbahn) eine konische Bewegung. 4. Ähnlich wie die Erde so bewegen sich die Planeten um die Sonne. Er war sich schon 1507 mit diesen Sätzen im Klaren, verwandte aber die nächsten 35 Jahre seines Lebens dazu, sie fort- und fortgesetzt zu prüfen. Jedenfalls war die Bewegung der Planeten für ihn nicht bloß eine Hypothese, die die Rechnung vereinfachen sollte, wie etwa für Averrhoës die Epizykeln des Ptolemäus, sondern er war von ihrer Wirklichkeit überzeugt.

Wie sehr auch Aristarch Anspruch hat, als wirklicher Vorläufer des Koppernikus zu gelten, und wie sehr auch seine Einsicht zu bewundern ist: „die Palme gebührt dennoch nicht ihm, der einen flüchtigen Einfall zuerst geäußert hat, sondern demjenigen, der durch Tatsachen seine Richtigkeit beweist und in allen Folgerungen ihn durchführt" (Wolff, Gesch. d. Astronomie). Bewiesen hat er ja seine Lehre auch nicht, das geschah erst, wenn man so sagen darf, durch Auffindung der Aberration des Lichtes und der Fixsternparallaxe. Er zeigte aber ausführlich, daß man mit Zugrundelegung seiner Lehre alle astronomischen Berechnungen viel einfacher durchführen kann, und daß jedenfalls seine Kreise viel größere Wahrscheinlichkeit haben.

Hier soll nicht vergessen werden, darauf hinzuweisen, daß durch die neue Lehre die Erkenntnis, daß der Augenschein und überhaupt unsere Sinne täuschen, immer mehr zum Bewußtsein kam. Die neuere Philosophie setzt hier mit Descartes ein: keine Erkenntnis ist uns sicher, außer daß wir denken (cogito, ergo sum).

Eine weitere Bemerkung soll hier auch nicht fehlen: Cusanus leitete die Neuzeit ein durch den Gedanken der Unendlichkeit, etwas dem Mittelalter und dem Altertum Unfaßliches; Koppernikus wurde der Vater des Gedankens der Relativität der Erscheinungen. (Wundt: die Nationen und ihre Philosophien.)

§ 44. Rotation der Erde, Fallversuche. Die tägliche Rotation der Erde erklärt die tägliche scheinbare Bewegung sämtlicher Gestirne um die Erde. Diese mußte um so unwahrscheinlicher werden, je mehr man die große Verschiedenheit der Entfernungen der Gestirne und deren Größe erkannte. Einen direkten Beweis oder eine Bestätigung durch physikalische Erscheinungen konnte Koppernikus noch nicht geben. Die hervorragenden Denker waren sich aber darüber schon klar, daß der aristotelische Gegenbeweis nicht richtig ist; ein senkrecht in die Höhe ge-

worfener Körper müsse, wenn die Erde sich unter ihm weiter
dreht, westlich von seinem Aufflugpunkt herunterfallen. Man
beobachtete ja auch bei schnellfahrenden Schiffen, daß irgendein
von der Spitze des Mastes herunterfallender Gegenstand nicht
hinter dem Maste auffällt. Leonardo da Vinci, der Holzklötze
und Bleistücke von einem Turm fallen ließ, um die Fallbewegung
zu studieren, hatte dabei eine östliche Abweichung erkannt.
Das Beharrungsgesetz, welches diese Erscheinung erklärt und
den aristotelischen Gegenbeweis als hinfällig erweist, war von
ihm geahnt; Galilei hatte es erst 1609 formuliert. Von Newton
sind weitere Fallversuche bekannt. Sie fielen nicht alle günstig
aus, weil die Erhebung über der Erde, von der sie ausgeführt
wurden, zu gering war. Wiederholt wurden die Versuche von
Guglielmi in Bologna 1790, dann von Benzenberg 1802
im Michaelsturm in Hamburg und in einem rheinischen Kohlen-
schacht und endlich von Reich 1831 im Dreibrüderschacht
zu Freiberg (488 Fuß Höhe). Erst diese letzten lieferten eine
der Theorie entsprechende genaue Abweichung nach Osten.

§ 45. Passate. Ablenkung der Geschosse von der Flugbahn.
Nachdem schon der Astronom Halley 1686 eine nicht be-
friedigende Theorie der Passate gegeben, gelang es 1735 dem
Physiker Hadley, das Gesetz zu finden, wonach allgemein
alle Winde infolge der Erdrotation aus ihrer Bahn nach rechts
abgelenkt werden. Ein Luftstrom, der auf der nördlichen
Halbkugel von N nach S fließt, gelangt von Gegenden lang-
samerer in solche mit rascherer Bewegung nach Osten, bleibt
also nach dem Trägheitsgesetz hinter der Erde zurück und
statt direkt nach S gelangt er nach SW, scheint daher von NO
herzuwehen. Umgekehrt ist es, wenn die Luft von S nach N
fließt, wobei sie dann ihre raschere Bewegung beibehält, also
nach NO abgelenkt wird (Zyklone). Auf der südlichen Halbkugel natürlich werden alle Nordwinde in Nordwestwinde
und alle Südwinde in Südostwinde abgelenkt. In ähnlicher
Weise wird die Flugbahn der Geschosse beeinflußt. Ebenso
sollen die Flüsse infolge des Bestrebens, nach rechts auszu-
weichen, ihre rechten Ufer stärker angreifen.

**§ 46. Abplattung der Erde. Abnahme der Schwere nach
dem Äquator zu.** Huygens hatte die Abplattung des Jupiters

im Fernrohr erkannt und sie durch eine Rotation des Planeten erklärt. Seine Versuche mit einer plastischen Tonkugel bestätigten seine Vermutung. Er und Newton folgerten nun sofort, daß die Erde ebenfalls ein nach den Polen zu abgeplattetes Rotationsellipsoid sei. Fast gleichzeitig machte der französische Astronom Richer 1672 in Cayenne die Wahrnehmung, daß sein in Paris genau gestelltes Sekundenpendel verkürzt werden müßte, um wieder richtig zu gehen. Nach Paris zurückgekehrt, mußte er es auf die frühere Länge bringen. Während die andern Mitglieder der Pariser Akademie den Grund für Richers Beobachtungen in der Ausdehnung des Pendels durch stärkere Erwärmung am Äquator suchten, brachte Richer selbst sowie Newton und Huygens die Erscheinung sofort mit der Rotation und der Abplattung der Erde in Zusammenhang, die eine Abnahme der Schwere nach dem Äquator zu, und damit im Zusammenhang eine Verlangsamung des Pendelgangs zur Folge haben müssen. Huygens, der 1656 die Penduluhr (§ 50) erfunden hatte, war gerade in der Zeit der Richerschen Expedition mit den Untersuchungen über die Zentralbewegung beschäftigt. Überraschend war nun das Ergebnis einer Gradmessung durch Cassini und La Hire (1683—1718), nach welchem die Erde nach den Polen eher zugespitzt sein müßte. Um die Streitfrage zu schlichten, wurden 1735 und in den folgenden Jahren Gradmessungen von Condamine und Bouguer in Peru, und Maupertius und Clairaut in Lappland ausgeführt, welche die Ansicht Huygens und Newtons völlig bestätigten. Spätere Gradmessungen (§ 25) und Messungen des Sekundenpendels lieferten nur genauere Zahlen. Durch Bessel wurde die Frage bis zu einem gewissen Abschluß gebracht.

Nach der Formel von Huygens ist die Zentrifugalbeschleunigung am Äquator $a = \dfrac{4\,\pi^2\,r}{T^2} = 3{,}385$ cm. Ist nun g_0 die wirklich gemessene Erdbeschleunigung, dann wäre bei ruhender kugelförmiger Erde $g = g_0 + 3{,}385 = g_0 + 0{,}00343\,g_0$.

Die Zentrifugalbeschleunigung z in der Breite φ ist gleich

$$z = \frac{4\,\pi^2\,r \cdot \cos \varphi}{T^2} = 0{,}00343\,g_0 \cos \varphi. \quad \text{(Fig. 26)}.$$

Deren Komponente x in der Richtung von g_φ ist

$$x = \frac{4\pi^2 r}{T^2} \cos^2 \varphi = 0{,}00343\, g_0 \cos^2 \varphi$$

mithin

$$g_\varphi = g - 0{,}00343\, g_0 \cos^2 \varphi =$$
$$= g_0 + 0{,}00343 \cdot g_0 - g_0 \cdot 0{,}00343 \cos^2 \varphi$$
$$= g_0\, (1 + 0{,}00343 \sin^2 \varphi).$$

Die genaueren Pendelabweichungen lieferten aber

$$g_\varphi = g_0\, (1 + 0{,}005118 \sin^0 \varphi).$$

Diese Abweichung erklärt sich durch die Abplattung der Erde.

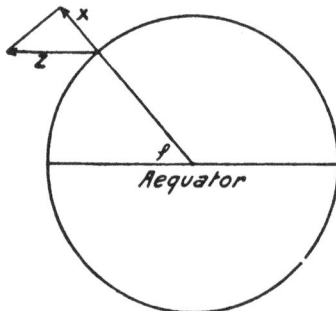

Fig. 26. Berechnung der Erdbeschleunigung.

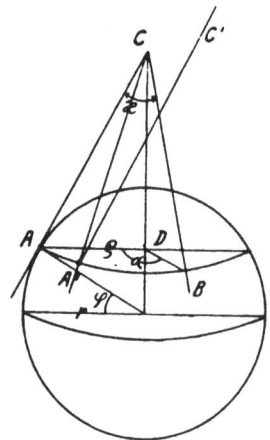

Fig. 27. Foucaultscher Pendelversuch.

§ 47. Foucaults Pendelversuch.

Am überzeugendsten wird die Erdrotation durch den Foucaultschen Pendelversuch bewiesen, allerdings nur unter der Annahme, daß das Trägheitsgesetz richtig ist. Das Pendel, das wir auf der Rotationsmaschine schwingen lassen können, macht den einfachsten Fall eines Pendels, das über den Polen schwingt, anschaulich. Das Pendel verharrt in der gleichen Ebene, während die Kreisscheibe sich unter ihm wegdreht. Da die Drehung auf der Erde nicht gemerkt wird, so wird die Schwingungsebene des Pendels sich über dem Boden zu drehen scheinen, während eines Tages um 360°. Schwingt nun ein Pendel an einem Orte A der Erde (Fig. 27) mit der Breite φ zunächst in meridionaler Richtung, so muß der Aufhängepunkt die Rotation der Erde mitmachen, aber der schwere Körper am Ende des Fadens wird in der Schwingungsebene zu verharren suchen. Nach der unendlich kleinen Zeit dt, während welcher A den Bogen AA' beschreibt, ist aus der Schwingungsrichtung AC die Richtung $A'C'\|AC$ geworden. Es ist aber $\sphericalangle\, CA'C' = \sphericalangle\, A'CA$, gleich dem Winkelstück des Kegelmantels, den CA bei der Rotation der Erde beschreibt. Bei fortgesetzter Drehung der Erde, etwa bis A auf B zu liegen kommt, dreht sich die Schwingungsrichtung des Pendels aus dem Meridian um den Winkel ACB auf dem Kegelmantel, bei einer ganzen Drehung der Erde um den ganzen Winkel, in den sich der ganze Kegelmantel, den AC beschreibt, aufrollen läßt. Nun ist einerseits

$$\widehat{AB} = \frac{2\,\varrho\,\pi}{360} \cdot \alpha \,(\alpha = \sphericalangle\, ADB) = \frac{2\,r\,\pi \cdot \cos\varphi}{360}\,\alpha\,;$$

anderseits ist

$$\widehat{AB} = \frac{2\,AC \cdot \pi}{360} \cdot x \,(x = \sphericalangle\, ACB \text{ auf dem Kegelmantel}).$$

Da AC aus Dreieck $ACD = AD : \sin ACD = \varrho : \sin\varphi$ $= r \cdot \operatorname{cotg}\varphi$, folglich

$$\frac{2\,r\,\pi\,\alpha}{360} \cos\varphi = \frac{2\,r\,\pi\operatorname{cotg}\varphi}{360} \cdot x$$

und endlich

$$x = \alpha \cdot \sin\varphi.$$

D. h. dreht sich die Erde um $\sphericalangle\, \alpha$, so dreht sich die Schwingungsebene des Pendels um einen Winkel gleich $\alpha \cdot \sin\varphi$.

Der sehr lehrreiche, auch ein großes Publikum interessierende Versuch wurde 1850 von Foucault zuerst an einem 2 m, dann an einem 11 m langen Pendel in der Sternwarte in Paris, später an einem 62 m langen im Pantheon, auch 1855 im Ausstellungspalast ausgeführt. Selbstredend wurde er dann an vielen Orten, z. B. in Deutschland im Kölner und Speyrer Dom, wiederholt.

§ 48. Das Gradnetz. Nordpol und Südpol, die Endpunkte der Erdachse, sind die Fundamentalpunkte des Koordinatensystems auf der Erdoberfläche, dessen Hauptlinie, der Erdäquator, ebenso wie NP und SP, die Parallelkreise und Meridiane, sich als Projektionen des Himmelsäquators, der Himmelspole, der Parallelkreise und Meridiane am Himmel vom Erdmittelpunkt auf die Erde ergeben. In dieser Weise gelangten schon Hipparch und Ptolemäus zu einem Gradnetz. Während nun die eine Koordinatenachse, eben der Äquator, durch die Erd- oder Weltachse bestimmt ist, da sie in der Mitte zwischen NP und SP verläuft, bleibt die zweite Achse, der Nullmeridian, der Willkür überlassen. Hipparch legte ihn durch Rhodos, während schon Ptolemäus und nach ihm Merkator (1554) ihn durch den westlichsten Punkt der Kanarischen Inseln (Insel der Glückseligen) legte. 1634 wurde der Meridian des westlichsten Punktes der Insel Ferro, die zu den kanarischen Inseln gehört, von einem durch Richelieu zusammengerufenen Pariser Kongreß als Nullmeridian bestimmt. Später nahm Frankreich den Meridian von Paris, das man 20° östl. von Ferro annahm (Fehler 23′ 9″), die Seefahrer dagegen und auch Deutschland den Meridian von Greenwich (17° 39′ 51″ östl. von Ferro) als Nullmeridian.

Die Lage eines Punktes auf der Erde ist nun durch folgende Koordinaten bestimmt. Sein Abstand vom Äquator auf einem Meridian in Grad ist seine **geographische Breite** (nördliche und südliche); der Winkel zwischen seinem Meridian und dem Nullmeridian seine **Länge** (östliche und westliche). Die Ausdrücke Länge und Breite rühren noch aus dem Altertum her, weil der damals bekannte Teil der Erdoberfläche die Länder längs des Mittelmeeres (bis nach Babylon und Persien) eine größere Ausdehnung in westlicher Richtung hatte.

§ 49. Bestimmung der Breite. Zur Bestimmung der Breite diente schon im Altertum der Satz, daß diese gleich der Polhöhe ist. (Fig. 28). $\sphericalangle PBC = BCM = BMA$. Diese bestimmte man aber nicht mittels des Polarsternes, sondern durch Kombination der beiden Sonnenwendkreise am Himmel, die man aus den Schattenlängen von Gnomonen erkannte. Seit dem Mittelalter wurden dann nach dem Vorschlage Abdul Hassans die Beobachtungen der oberen und unteren Kulminationspunkte eines Zirkumpolarsternes zur Bestimmung der Polhöhe benutzt, wobei aber infolge der atmosphärischen Strahlenbrechung Fehler nicht vermieden wurden, so daß man noch im 16. Jahrhundert über verschiedene Angaben für einen und denselben

Ort, die um Minuten differierten, klagte. Ptolemäus hat übrigens schon die atmosphärische Strahlenbrechung gekannt, aber erst Kepler war es gelungen, eine einigermaßen brauchbare Tafel zur Korrektion der beobachteten Sternhöhen aufzustellen. Jetzt werden zur Bestimmung der Polhöhen meist die Kulminationspunkte des Polarsternes benutzt. Auf der See bedient man sich noch der Beobachtung der Höhe der Sonne, deren Deklination für den bestimmten Zeitpunkt aus den Tafeln entnommen wird.

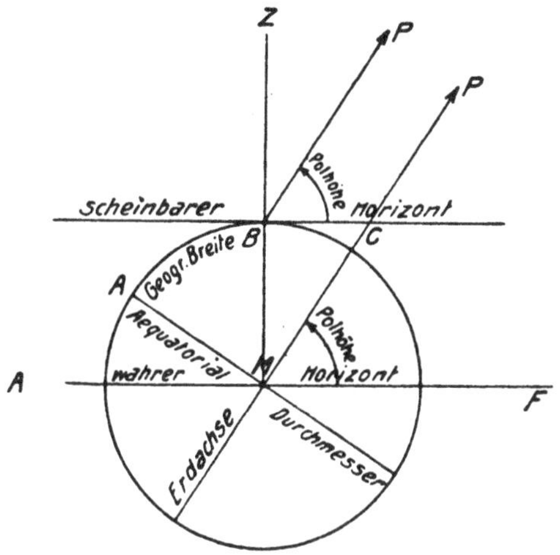

Fig. 28. Bestimmung der geogr. Breite.

§ 50. Länge. Der genauen Bestimmung der geographischen Länge stellten sich viel größere Schwierigkeiten entgegen. Die Angaben für einen und denselben Ort differierten noch bis ins 17. Jahrhundert um einige Grad. Das Prinzip, mit dessen Hilfe die Lösung der Aufgabe möglich ist, erkannte schon Hipparch. Es ist klar, daß Orte, welche auf demselben Meridian liegen, zur gleichen Zeit Mittag, also gleiche Ortszeit[1]) haben. Ferner unterscheiden sich die Längen der Orte, deren Ortszeit um genau 1 Stunde (x Sek.) verschieden sind, um 15^0 ($15\,x''$), gleichgültig ob man die Rotation der Erde oder die tägliche Bewegung der Sonne annimmt. Die unerläßliche Vor-

---

[1]) Die Uhr eines Ortes, die die Zeit des höchsten Sonnenstandes mit 12 Uhr angiebt, hat seine Ortszeit.

bedingung für die Feststellung der Ortszeiten selbst, nämlich eine zuverlässige Uhr, die auch Sekunden genau anzeigt, fehlte aber dem ganzen Altertum und Mittelalter. Gnomone (Obelisken) dienten als Sonnenuhren, mit deren Hilfe der höchste Sonnenstand als Mittag festgestellt werden konnte. Zur Einteilung des Tages, etwa in Stunden, hatte man Wasseruhren, bei denen aus einem größeren Behälter mit gleichem Ablauf Wasser in ein Gefäß fließt, bis dieses gefüllt ist. Die erste Räderuhr, die durch Gewichte getrieben wird, datiert aus dem Jahre 850 n. Chr. 1505 wird die erste Nürnberger Taschenuhr erwähnt. Aber erst 1636 erdachte Galilei das regulierende Pendel, das dann von Huygens 1656 verbessert und wirklich praktisch ausgeführt wurde. Von Huygens wurden auch 1674 die Uhren, die durch Spiralfedern getrieben werden, vervollkommnet. Uhren, die während eines Transports absolut richtig gehen, zu konstruieren, gelang erst später.

Ein Vergleich der Ortszeiten zweier Punkte der Erde verschiedener geographischer Längen konnte also mit einer Uhr früher gar nicht ausgeführt werden. Hipparch schlug nun vor, diesen Vergleich durch Beobachtung des Eintritts der Mondfinsternisse zu bewerkstelligen. Der Beginn einer Mondfinsternis ist für alle Orte der Erde gleichzeitig. Für diesen Moment sind dann noch die verschiedenen Ortszeiten festzustellen. Beginnt z. B. die Mondfinsternis für einen Ort *A* um 7 Uhr Ortszeit, für einen Ort *B* um 8 Uhr Ortszeit, so ist die Ortszeit in *B* eine Stunde der Ortszeit in *A* voraus, *B* hat eine Stunde früher Mittag. *A* liegt somit 15^0 westl. Galilei schlug die Beobachtungen der Verfinsterungen der Jupitermonde zu gleichem Zwecke vor. Jetzt benutzt man auf Sternwarten elektrische Signale, die einen genauen Vergleich der Ortszeiten ermöglichen. Die Seefahrer benutzten sog. Sterntafeln, auf denen die Konstellation des Mondes und der Planeten zu den übrigen Gestirnen für bestimmte Zeitmomente für einen bestimmten Ort der Erde vorausberechnet waren. So benutzten Kolumbus, Amerigo Vespucci u. a. die Ephemeriden des Regiomontan. Beobachteten sie eine Konstellation, die für Nürnberg erst auf Mitternacht vorausgesagt war, schon abends 8 Uhr, so ergibt der Zeitunterschied von 4 Stunden einen Unterschied

von 60⁰ Länge. Jetzt wird die Länge auf der See meist
mit Hilfe eines etwa nach Greenwicher Zeit gehenden Chrono-
meters gefunden, dessen Zeit mit der beobachteten Ortszeit verglichen werden muß.

§ 51. Mitteleuropäische Zeit. Die Verschiedenheit der
Ortszeiten von Orten, die in äquatorialer Richtung liegen,
sind für den Verkehr eines Landes sehr störend empfunden
worden. Daher schlug die europäische Gradmessungskom-
mission, die im Oktober 1884 in Rom tagte, als Weltzeit eine
Stundenzonenzeit vor. Nach dieser sind die Ortszeiten
des 0., 15., 30., 45. usw. Meridians für die je zu beiden Seiten
liegenden $7\frac{1}{2}^0$ breiten Kugelstreifen maßgebend. Auf der
ganzen Erde hätte man dann 24 verschiedene je um eine ganze
Stunde differierende Zeiten. Die Vereinigten Staaten Nord-
amerikas folgten diesem Vorschlag schon 1884. In Schweden
hatte man schon 1879 die Zeit des 15. Meridians eingeführt.
Das übrige Skandinavien, das Deutsche Reich, Österreich
(Ungarn), Italien und die Schweiz nahmen die M.E.Z. 1891 an.
Darnach liegen allerdings der westliche Teil der Schweiz und
des Deutschen Reiches zu weit nach W, Galizien und Sieben-
bürgen zu weit nach Osten.

§ 52. Die Bewegung der Erde um die Sonne erklärt das
Zurückbleiben der Sonne hinter den Sternen, oder die Erscheinung, daß die Sterne sich während eines Jahres 366mal,
die Sonne dagegen 365mal um die Erde drehen. Die Erdbahn
nimmt Koppernikus noch kreisförmig an, und muß, um die
scheinbare ungleiche Geschwindigkeit der Sonne in der Ekliptik
zu erklären, die Sonne, ähnlich wie Hipparch die Erde, exzentrisch stellen. Die Umlaufszeit beträgt 365,25636, oder
rund $365\frac{1}{4}$ Tage. (Fig. 29 u. 29a). Steht nämlich ein Stern F am
1. Januar z. B. mitternachts für einen Ort A der Erde in Kulmination, so kulminiert er den folgenden Tag fast 4 Minuten, nach
15 Tagen etwa 1 Stunde früher, weil die Erde in dieser Zeit
von E nach E_1 gerückt ist. Nach einem halben Jahre muß er
zugleich mit der Sonne, also 12 Stunden früher kulminieren
(Stellung der Erde in E_2). Am 1. Januar des nächsten Jahres
steht er mitternachts jedoch noch nicht genau in Kulmination,
sondern $\frac{1}{4}^0$ vor seinem Kulminationspunkt. Die Erde kann

50

also auch nach 365 Tagen noch nicht nach E, sondern etwa
erst nach E_3 gelangt sein, und sie hat sich noch um den Winkel
XE_3F_1 zu drehen, damit F_1 oder F für A kulminiert. Dieser

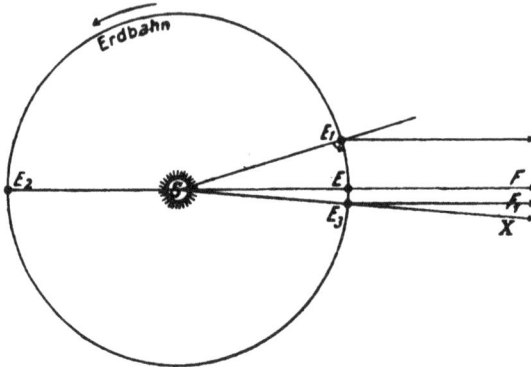

Fig. 29. Dauer der Bewegung der Erde um die Sonne.

Winkel ist, wie gesagt, $\frac{1}{4}^0$ groß. Nun ist $\not< E_3SE = \not< XE_3F_1$;
mithin Bogen $\widehat{E_3E} = \frac{1}{4}^0$. 360^0 durchläuft die Erde in 365
Tagen, einen Grad also in etwa einem Tag und $\frac{1}{4}^0$ in $\frac{1}{4}$ Tage
(math. Geogr. für Mittelklassen).

Fig. 29a. Dauer der Bewegung der Erde um die Sonne.

§ 53. Stellung der Erdachse. Den 3. Satz des Koppernikus
spricht man jetzt anders aus. Koppernikus dachte sich offenbar
einen Mechanismus: einen Stab als Erdachse befestigt unter
einem bestimmten Winkel an einem zweiten Stabe, der den
Radiusvektor zwischen Sonne und Erde darstellt. Bei der
Drehung des Radiusvektors um die Sonne würde die Erdachse
immer die gleiche Stellung zur Sonne haben, z. B. ein Pol
immer der Sonne abgewendet sein. Die Erdachse muß daher
aus ihrer Lage zum Radiusvektor herausgedreht werden, sie
muß (mit Bezug auf den Radiusvektor) einen Kegelmantel
beschreiben, dessen Spitze ihr Befestigungspunkt am Radiusvektor ist. Koppernikus erklärte dann die Präzession (§ 15)
damit, daß er die Erdachse keinen vollen Kegelmantel be-

schreiben läßt, während der Radiusvektor der Erdbahn eine ganze Umdrehung ausführt. ·

(Fig. 30). Wir sehen zunächst von der Präzession ab und formulieren dann den 3. Satz einfach in folgender Weise: Die Erdachse und somit auch die Rotationsebene sämtlicher Parallelkreise bleiben sich bei der Umwälzung der Erde um die Sonne parallel[1]), ihr Neigungswinkel mit der Ekliptik ist 66° 33′ 3″ bzw. 23°

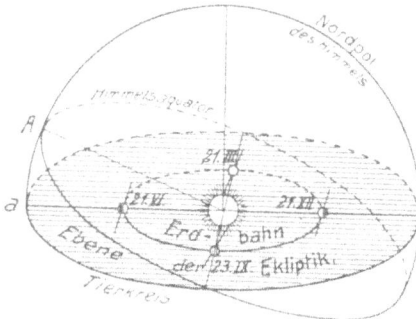

Fig. 30. Stellung der Erdaxe.

26′ 57″. Damit erklärt sich also die Schiefe der Ekliptik und in Kombination mit dem zweiten Hauptsatz der Wechsel der Jahreszeiten.

§ 54. Die vier Hauptstellungen der Erde. Die Belichtungs- und Bestrahlungsverhältnisse der Erde durch die Sonne sind demnach während eines Umlaufs um die Sonne sehr wechselnd. Sie ergeben sich am einfachsten, wenn wir die vier Hauptstellungen der Erde zur Sonne betrachten.

a) **Nordpol der Sonne zu-, Südpol abgewendet**[2]). (Fig. 31). Die Sonnenstrahlen fallen senkrecht auf den Parallelkreis 23½° n. Br. (**nördlicher Wendekreis der Erde**). Auf alle übrigen Punkte der Erde fallen sie mittags schief auf, und zwar um so schiefer, je weiter die Punkte vom Wendekreise entfernt sind. Für die nördlich gelegenen Punkte erscheint die Sonne mittags

---

[1]) Diese Ausdrucksweise entspricht mehr den Gesetzen der Mechanik, hauptsächlich dem Trägheitsgesetz, das Koppernikus in seiner vollen Konsequenz noch nicht kannte.

[2]) Die Ebene des Neigungswinkels der Erdachse zur Erdbahn geht durch die Sonne.

4*

nach Süden, für die südlich gelegenen nach Norden geneigt. Die Lichtgrenze berührt die Parallelkreise 66½° nördlicher und südlicher Breite (**Polarkreise**[1]). Alle Punkte innerhalb des nördlichen Polarkreises haben dauernd Tag, alle Punkte innerhalb des südlichen dauernd Nacht. Die Lichtgrenze halbiert den

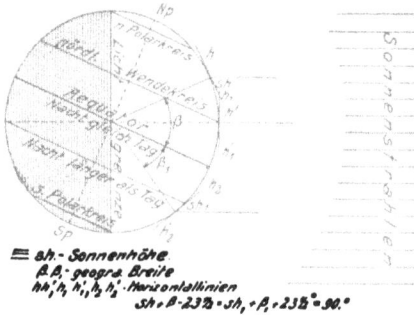

Fig. 31. Stellung der Erde am 21. Juni.

Äquator, daher ist auf ihm Tag gleich Nacht. Auf der nördlichen Halbkugel ist der Tag länger als die Nacht, auf der südlichen ist es umgekehrt. Der Unterschied ist um so größer, je näher ein Punkt den Polarkreisen liegt. Sonnenauf- und Untergang sind nördlich vom O und W. Dies ist die Stellung der Erde am 21. Juni.

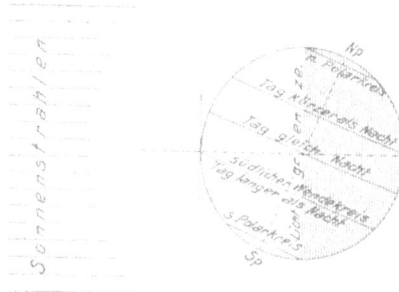

Fig. 32. Stellung der Erde am 21. Dezember.

b) (Fig. 32). Auf dem diametral gegenüber liegenden Punkte der Erdbahn ist der Nordpol der Sonne ab-, der Südpol ihr zugewendet. Mittags fallen die Sonnenstrahlen senkrecht auf den **südlichen Wendekreis** 23½° s. Breite. Innerhalb des nörd-

---

[1]) Ohne Berücksichtigung der Lichtbrechung durch die Luft.

lichen Polarkreises ist es Nacht, innerhalb des südlichen Tag.
Auf der nördlichen Halbkugel ist die Nacht länger als der Tag,
auf der südlichen umgekehrt. Sonnenauf- und Untergang sind
südlich von O und W (21. Dezember).

c) und d) Die beiden andern Hauptstellungen befinden sich
(etwa) in der Mitte zwischen den beiden zuerst genannten
diametral gegenüber. Nordpol und Südpol sind gleichweit
von der Sonne entfernt[1]). Die Lichtgrenze geht durch beide
Pole, fällt also zusammen mit zwei Meridianen. Die Sonnenstrahlen fallen mittags senkrecht auf den Äquator. Auf der
ganzen Erde ist Tag gleich Nacht. Sonnenauf- und Untergang
genau in O und W.

Stellung der Erde am 21. März und 23. September (s. Fig. 33).

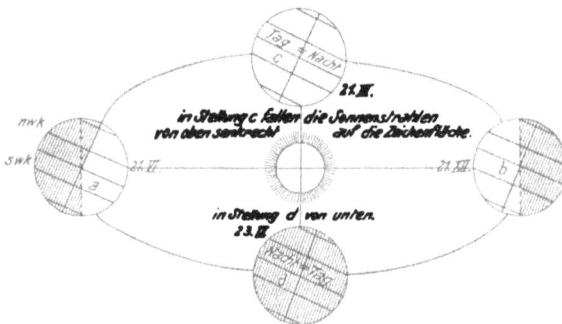

Fig. 33. Die vier Haupttage im Jahre.

Bestimme an einem Globus den Sonnenstand usw. für die Erde an
anderen Punkten ihrer Bahn. Dabei ist zu beachten, daß immer nur
die Hälfte der Erde beleuchtet ist. Die Lichtgrenze ist ein größter Kreis.
Der Punkt, der mittags senkrecht von der Sonne beschienen wird, liegt
auf der Zentralen der Erde und Sonne. Die Lichtgrenze ist überall 90°
von ihm entfernt. (Siehe Sydow-Wagner od. Dierke-Gaebler-Atlas Taf. 2).

Beschreibe ferner die scheinbaren Bewegungen der Gestirne, wie
sie von den Polen und dem Äquator aus beobachtet werden.

§ 55. Zonen. Infolge der verschiedenen und wechselnden
Bestrahlungen der Erde durch die Sonne unterscheidet man
fünf Zonen (Gürtel).

a) Die heiße Zone liegt zwischen den Wendekreisen.
Für alle Punkte dieser Kreise steht die Sonne mittags einmal

---

[1]) Die Ebene des Neigungswinkels der Erdachse zur Erdbahn wird
von den Sonnenstrahlen senkrecht getroffen.

im Jahre im Zenit, für alle Orte innerhalb derselben zweimal im Jahre. Die Sonne erwärmt aber den Boden um so mehr, je steiler die Strahlen auffallen, daher ist die Temperatur zwischen den Wendekreisen im allgemeinen höher als an andern Orten der Erde.

b) Die nördliche kalte Zone liegt innerhalb des nördlichen, und

c) die südliche kalte Zone innerhalb des südlichen Polarkreises. Die Orte innerhalb eines Polarkreises sind tagelang ohne Sonne oder werden von den Sonnenstrahlen nur sehr schräg getroffen. Daher herrscht hier im allgemeinen eine geringere Temperatur als in anderen Gegenden der Erde.

d) Die nördliche gemäßigte Zone liegt zwischen dem nördlichen Polar- und Wendekreise,

e) die südliche gemäßigte Zone zwischen dem südlichen Polar- und Wendekreise. In diesen Gürteln ist regelmäßiger Wechsel von Tag und Nacht, und die Sonnenstrahlen fallen stets schief auf.

Da die Temperatur auf der Erde auch von anderen Verhältnissen, z. B. von der Verteilung von Land und Wasser, oder von Meeresströmungen abhängt, so ist es in einzelnen Gegenden der gemäßigten Zone wärmer als an manchen Orten der heißen Zone, und ebenso ist es in einzelnen Gegenden der kalten Zone wärmer als an manchen Orten der gemäßigten Zone[1]).

§ 56. Jahreszeiten. Zwischen dem 21. März und 23. September fallen auf die nördliche Halbkugel die Sonnenstrahlen steiler auf als zwischen dem 23. September und 21. März d. n. J. In der ersten Zeit sind die Tage länger als die Nächte. Daher haben wir am 21. Juni wärmer als am 21. Dezember, ähnlich wie es mittags wärmer ist als abends oder morgens. Wie aber bei Tage die größte Wärme erst am Nachmittage zwischen 1 und 4 Uhr ist, so herrscht die größte Jahreswärme erst im Monat Juli und August.[2]) Ebenso sind erst Januar und Februar die kältesten Monate. Das allmähliche

---

[1]) Unterschied zwischen dem mathematischen oder solaren und dem physischen oder tellurischen Klima.

[2]) Die Sonne muß im März—Mai erst Schnee und Eis schmelzen, ehe sie die Erde erwärmt.

Nieder- und Aufsteigen des Kulminationspunktes der Sonne und die allmähliche Ab- und Zunahme der Tage bewirken, daß auch der Übergang aus der kalten Jahreszeit in die warme und umgekehrt ein allmählicher ist.

Infolge der wechselnden Bestrahlung der Sonne haben wir daher verschiedene Jahreszeiten, und zwar unterscheiden wir vier: eine kalte: der **Winter** (Dezember, Januar, Februar); eine gemäßigte: der **Frühling** (März—Mai); eine warme: der **Sommer** (Juni—August); und wieder eine gemäßigte: der **Herbst** (September—November).

In den kalten Zonen wechselt mit nur kurzem Übergang ein langer Winter mit einem kurzen Sommer. In der heißen Zone gibt es natürlich keinen Winter.

(Wie gestalten sich die Verhältnisse in der südlich gemäßigten Zone?)[1]

§ 57. Die Planeten. Auch die übrigen Planeten bewegen sich in exzentrischen Kreisen um die Sonne, nur der Mond um die Erde. Aus der Betrachtung der (Fig. 34 und 35) läßt sich erkennen, wie das Ptolemäische System in das Koppernikanische, oder umgekehrt, übergeführt werden kann; man hat nur das eine Mal die Erde, das andere Mal die Sonne in den Mittelpunkt zu stellen, und die gegenseitigen Stellungen von Erde und Planeten in beiden Zeichnungen nach Richtung und Größe genau gleich zu machen ($EI = 1\,I$; $EI' = 1\,I'$ usf.). Mathematisch sind beide Systeme gleich zulässig. Wollte man aber die Bahnen aller Planeten in einer Zeichnung zur Darstellung bringen, so wäre die Einfachheit des Koppernikanischen Systems gegenüber dem andern sofort ersichtlich.

§ 58. Aufnahme der neuen Lehre im 16. Jahrhundert. Giordano Bruno. Weitere Gründe als diese Einfachheit konnte Koppernikus nicht anführen, so daß die Aufnahme der neuen Lehre bei Fachmännern und dem gebildeten Publikum eine sehr geteilte war. Bald aber stellten sich der allgemeinen Annahme von konfessioneller Seite die größten Schwierigkeiten entgegen. Koppernikus hatte dies ja vorausgesehen und eben deshalb mit der Veröffentlichung gezögert. Auch der Herausgeber Osiander ließ die Vorrede des Koppernikus in seiner Widmung an den Papst, in der er seine Überzeugung von der Realität der Bewegung der Erde ausspricht, weg und bezeichnet diese Lehre nur als eine Hypothese, die

---

[1] § 54—56 aus des Verfassers math. Geogr. für Mittelstufe.

doch der Astronomie großen Nutzen leisten könne. Die römische Kurie nahm erst beim Auftreten Giordano Brunos und Galileis Stellung zum

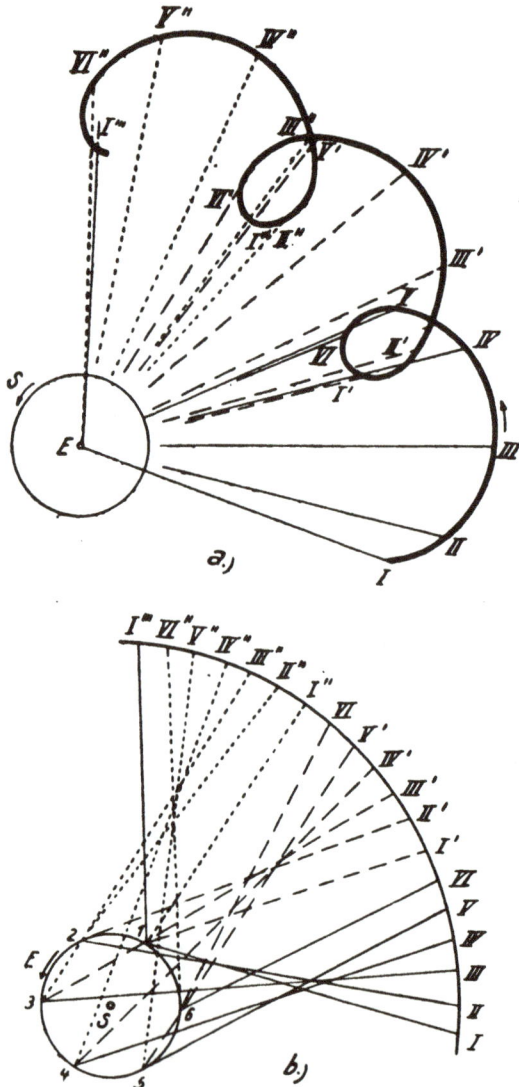

Fig. 34. Die Jupiterbahn.

neuen Weltsystem. Anders war es bei den Führern des Protestantismus. Bezeichnend ist der Ausspruch Luthers: „Der Narr will die ganze Kunst Astronomia umkehren, aber die Heilige Schrift sagt uns, daß Josua die

Sonne stillstehen hieß und nicht die Erde." Melanchthon witterte gleich
Gefahr für die Kirche und hielt die neue Lehre für gottlos. Auch der
bekannte Francis Bacon war Gegner des Koppernikus. Ein begeisterter

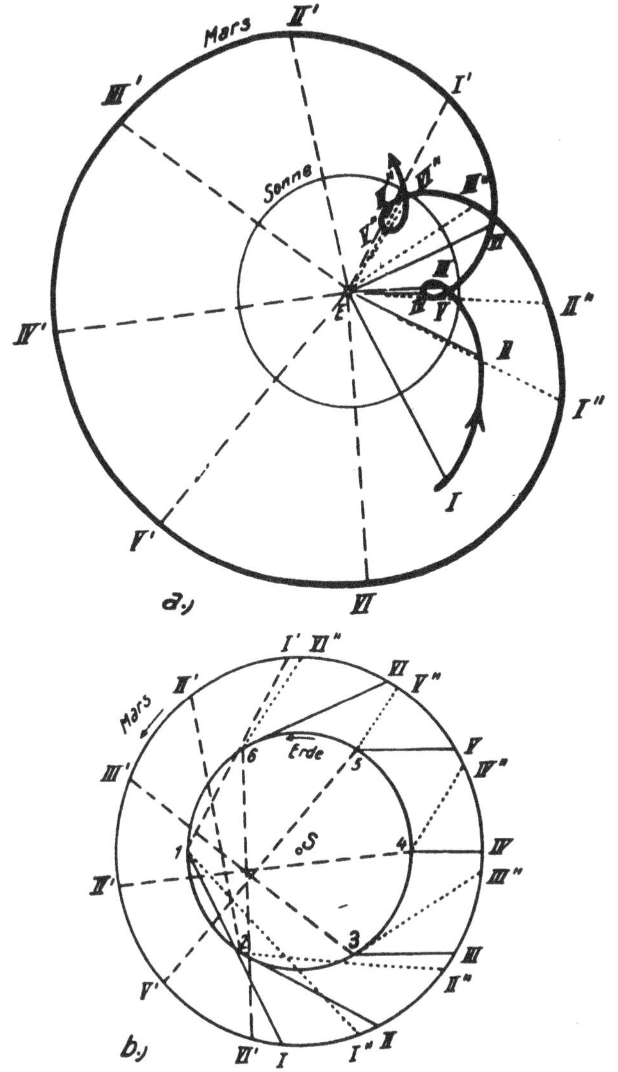

Fig. 35. Die Marsbahn.

Anhänger war dagegen **Giordano Bruno.** Mit Sehergeist verkündete er,
daß unser Sonnensystem nicht das einzige seiner Art sei. Jeder Fixstern
sei eine Sonne, um welche Planeten, belebt wie die Erde, kreisen. Das

Himmelsgewölbe, das Koppernikus noch hatte bestehen lassen, zertrümmerte er, das Universum sei unermeßlich dem Raume wie der Zeit nach.[1]) Unzählige Welten schweben in demselben, sich gegenseitig je nach ihrer Verwandtschaft anziehend oder fliehend und so ein unermeßliches System bildend. Seine pantheistische Lehre brachte ihn am 17. Februar 1600 auf den Scheiterhaufen.

§ 59. Tycho Brahe (1546—1601) war der bedeutendste Astronom am Ende des 16. Jahrhunderts. Vom Jahre 1576 wirkte er auf seiner Sternwarte der **Uranienburg**, die er auf einer kleinen dänischen Insel erbaute, reichlich unterstützt durch die Geldmittel und die Gunst seines Königs Friedrich. Sein Hauptverdienst sind die bis zur höchsten Vollkommenheit für die damalige Zeit gelungenen Messungen mit zum Teil selbstverfertigten Instrumenten von beträchtlichen Dimensionen (Riesenquadrant, Distanzmesser, Azimutalquadrant, das Urbild des Teodolit). Vornehmlich sind es die Marsbeobachtungen, die er 16 Jahre hindurch registrierte und die später Kepler zur Grundlage für die Aufstellung seiner zwei ersten Gesetze dienten. Das große Publikum schätzte jedoch Tycho nicht seiner astronomischen Leistungen wegen, sondern viel mehr wegen seiner Tätigkeit als Astrologe. Er war ein eifriger Anhänger der Astrologie. 1579 hielt er an der Universität in Kopenhagen seine Antrittsvorlesung, in der er die babylonische Kunst feierte und verherrlichte. Er stellte allen Söhnen seines Gönners das Horoskop.

Zum Koppernikanischen System konnte er sich nicht bekennen. Mag sein, daß religiöse Gründe bestimmend waren, in der Hauptsache machte er noch den alten Einwurf geltend, daß der gestirnte Himmel von zwei z. B. diametral gegenüber liegenden Punkten der Erdbahn verschiedenes Aussehen haben müßte. Gerade von ihm, dem exakten Astronom, der die Planetenabstände maß, und dem die Unermeßlichkeit des Firmamentes, die ungeheuern Entfernungen der Fixsterne, wie sie heute berechnet werden können, noch nicht glaubhaft war, läßt sich dieser Einwurf verstehen. Auch an die Rotation der trägen Erde konnte er nicht glauben, sie sei aus gröberem Stoff wie Sonne und Planeten. Auch konnte er sich nicht erklären, daß die Körper senkrecht herabfallen! Die Vorzüge des Koppernikanischen Systems gab er zu und so erdachte er ein Vermittlungssystem, nach welchem um die ruhende Erde Mond und Sonne sich bewegen, während sich die übrigen 5 Planeten auf Epizykeln um die Sonne drehen, wie es bereits **Herakleides Pontikos** von Merkur und Venus angenommen hatte[2]). Nach dem Tode des Königs Friedrich II. hörten die Geldunterstützungen vom Königshause auf, Tycho wurde angefeindet und angegriffen, so daß er sein Vaterland verließ, und 1699 einem Rufe Rudolfs I.

---

[1]) Vergl. Nikolaus Cusanus.

[2]) Sein System unterscheidet sich vom Ptolemäischen System nur dadurch, daß er, abgesehen vom Mond, für die andern Planeten die Sonnenbahn als gemeinsamen Deferenten annahm. Sein System erlangte keine Anerkennung.

nach Prag folgte. Hier erwarb er sich ein neues Verdienst, indem er den wegen seiner Konfession aus Graz verjagten Kepler zu sich rief, der dann nach Tychos rasch erfolgtem Tode dessen Nachfolger wurde.

Nicht unerwähnt soll bleiben, daß Tycho mit Jobst Bürgi, dem Mechaniker und Astronomen der Kasseler Sternwarte, die als zweite in Deutschland der Landgraf von Hessen, selbst ein eifriger Astronom, sich erbaut hatte, gemeinsam an der Verbesserung astronomischer Apparate arbeitete. Bürgi, ein geborener Schweizer, war von Haus aus Uhrmacher, lernte in Straßburg und wurde von dort aus von Wilhelm IV. nach Kassel berufen, konstruierte mehrere astronomische Meßinstrumente, machte sich aber noch mehr verdient durch Vereinfachung der Rechenmethoden mit Dezimalzahlen, durch Einführung der Dezimalbrüche und erfand später eine Art Logarithmen.

§ 60. Kepler. 1571 zu Weil der Stadt geboren, wurde in Tübingen durch seinen Mathematiklehrer Mästlin mit dem Koppernikanischen System bekannt gemacht. Diesem Professor ist es auch zu verdanken, daß Kepler den geistlichen Beruf aufgab und sich ganz der Astronomie widmete. Die engherzige orthodoxe Richtung, die in Tübingen herrschte, und zu der Kepler sich nicht bekannte, trug das ihrige dazu bei, und so nahm er eine Gymnasialprofessur in Graz als Mathematikus und — Kalendermacher an. Seine Lehrtätigkeit war sehr wenig lohnend, denn es fehlten ihm meist die Schüler, daher verlegte er sich als gewissenhafter Beamter eifrig aufs Kalendermachen und, was dazu notwendig war, aufs Studium der Astrologie. Doch konnte er dieser Kunst keinen Geschmack abgewinnen und legte ihr keinen Wert bei. Immerhin verschafften auch ihm seine Prophezeiungen bei den Zeitgenossen großen Ruf. Seine Hauptbeschäftigung in dieser Zeit war der Versuch, irgendwelche Gesetzmäßigkeit zunächst in den Abständen der Planeten zu erkennen. Dies gelang ihm nach vielen Mühen, wie er in seinem ersten Werk, dem „Prodromos" oder „Mysterium cosmographicum" darstellte, in folgender Weise.

Er dachte sich die Bahnen der sechs Planeten Merkur, Venus, Erde, Mars, Jupiter und Saturn auf sechs konzentrischen Kugeln; die fünf inneren sind je einem der regelmäßigen Körper einbeschrieben, welche ihrerseits der nächstäußeren Kugel einbeschrieben sind. Die Sphäre des Merkur ist dem Oktaeder einbeschrieben, dieser der Sphäre der Venus, diese wieder dem Ikosaeder und so folgen Sphäre der Erde, Dodekaeder, Mars, Tetraeder, Jupiter, Würfel und zuletzt Saturn. Freilich stimmen die sich daraus ergebenden Abstände der Planeten wenig mit den wirklichen überein. Als Nachfolger Tychos in Prag, als kaiserlicher Mathematiker hatte er neue Planetentafeln, denen des Regiomontan ähnlich, zu bearbeiten und dazu mußten die Bahnen der Planeten und deren Geschwindigkeiten genauer festgestellt werden. Die vortrefflichen Beobachtungen des Tycho lieferten ihm als Grundlage ein unschätzbares Zahlenmaterial für seine neue Arbeit, die er 1609 in seinem zweiten Werke „Astronomia nova" herausgab. Sie gipfelt in den ersten beiden Keplerschen Gesetzen:[1] 1. Die Bahnen der Planeten sind Ellipsen, in deren einem Brennpunkt die Sonne steht. 2. Die Radienvektoren einer Planetenbahn beschreiben in gleichen Zeiten gleiche Flächen. Kepler hatte zuerst exzentrische Kreise für die Planetenbahnen angenommen. Als für diese das Zahlenmaterial nicht stimmte, versuchte er es mit Ovalen, und zuletzt mit Ellipsen. Bei seinen Beobachtungen und Rechnungen hatte er in Bürgi, der auf einige Jahre als kaiserlicher Uhrmacher nach Prag übergesiedelt war, einen ausgezeichneten Hilfsarbeiter. Bezeichnend ist, daß dieser seine Logarithmen bereits erfunden, aber sie niemandem gezeigt hatte. Kepler begrüßte das Erscheinen der Naperschen und Briggschen Logarithmen 1616 und 1618 mit Begeisterung und benutzte sie sofort, da sie ihm große Erleichterung in den zeitraubenden Rechnungen brachte. Wer beschreibt sein Erstaunen und seinen Ärger, als endlich 1620 Bürgi, der wieder nach Kassel gezogen war, mit seiner Erfindung herausrückte, die er anderthalb Jahrzehnte verheimlicht hatte.

§ 61. Keplers drittes Gesetz. Nach dem Tode Rudolphs II. erhielt Kepler Anstellung in Linz als Mathematiker und Landesvermesser der österreichischen Landstände. In dieser Zeit vollendet er sein Hauptwerk die „Harmonices mundi", die sein drittes Gesetz enthielt. Wie Koppernikus, der die Sonne bereits als „Lenkerin", „Regina" unseres Planetensystems angesehen, ahnte auch er, daß in ihr der Hauptsitz der Kraft liege, welche

---

[1] Die in den Lehrbüchern gebräuchliche Reihenfolge. Kepler fand das 2. Gesetz zuerst.

die Bewegung der Planeten regle, er nennt sie die „anima
motrix", die bewegende Weltseele, und er war überzeugt, daß
zwischen den Größenverhältnissen der Bahnen und der Bewegungen aller Planeten mathematisch ausdrückbare zahlen-
mäßige Beziehungen bestehen müßten. Er scheute keine Mühe,
diese zu finden, und endlich im Frühjahr 1618, nach lang-
jähriger vergeblicher Arbeit, versuchte er es einmal mit verschiedenen Potenzen der Umlaufszeiten und der mittleren Entfernungen der Planeten von der Sonne, und siehe, das Gesetz
war deutlich zu erkennnen: die Quadrate der Umlaufszeiten zweier Planeten verhalten sich wie die Kuben
der mittleren Entfernung von der Sonne.

$$T_1{}^2 : T_2{}^2 = r_1{}^3 : r_2{}^3.$$

Wir werden bald sehen, wie aus den drei Keplerschen
Gesetzen ein organischer Zusammenhang zwischen den Massen
unseres Sonnensystems herauszulesen ist. Diese dritte Stufe der
Erkenntnis, das Zurückführen der Mannigfaltigkeit der Erscheinungen auf ein einziges Prinzip war einem Späteren vorbehalten.
Kepler, der es wohl ahnte, war es nicht vergönnt, es zu finden.
Erst mußten noch die Probleme der Kreis- oder Zentralbewegung
gelöst und die wahre Größe des Erdradius gefunden werden,
ehe die Bewältigung der weiteren Aufgabe möglich war.

Keplers letztes Lebenswerk sind die Rudolfinischen Tafeln, welche
ähnlich wie die Ephemeriden des Regiomontan die Stellungen der Gestirne
noch für 100 Jahre mustergültig angeben. Erinnert sei hier noch an die
Konstruktion des astronomischen Fernrohres 1609 und Untersuchungen
über den Strahlengang bei Linsen, die er völlig richtig durchführte, obwohl das Brechungsgesetz noch nicht bekannt war. Er starb 1630 in Regensburg (Denkmal in Regensburg 1808 und in Weil der Stadt 1870).

§ 62. Galilei. Während sich das ziemlich traurige Geschick Keplers vollendete, begann sich in Italien ein anderes
Drama abzuspielen, der Prozeß gegen Galilei. Einige Jahre
älter als Kepler (geb. 1564), machte er sich durch seine refor-
matorische Tätigkeit auf physikalischem Gebiet auch schon sehr
früh bekannt. (Kepler schickte ihm wie allen bedeutenden Zeitgenossen, seinen Prodromos zu.) Er zog sich aber durch seinen
Eifer die Feindschaft der noch ganz nach Aristoteles vor-
tragenden Professoren zu. Abgesehen von seinen Bestimmungen
des spezifischen Gewichts mit der von ihm konstruierten

eigentümlichen hydrostatischen Wage, und seinen ersten Untersuchungen über den Isochronismus der Pendelschwingungen,
eiferte er vor allem gegen die aristotelische Lehre vom freien
Fall, dessen Gesetze er nach mancherlei Untersuchungen auf-
stellen konnte, wodurch er auf die Zusammensetzung von
Kräften und das Parallelogramm der Wege, auf die Wurflinie
und das Beharrungsgesetz kam. Zudem war er ein Anhänger
des Koppernikus, dessen Lehre er unbedingt zum Siege führen
wollte. 1609 konstruierte er das von dem Holländer Lippershey
erfundene Fernrohr, von dem er gehört hatte, nach und zeigt,
welch wichtiges Hilfsmittel zur Erforschung des Himmels
dadurch der Menschheit gewonnen ward. Er entdeckte die Lichtphasen der Venus, die vier Jupitermonde, den Saturnring, der ihm
freilich wie zwei zur Rechten und Linken des Saturn be-
findliche getrennte Trabanten erschien, dann gleichzeitig
mit zwei andern Astronomen die Sonnenflecken. Endlich
erkannte er deutlich die Mondgebirge, deren Höhe er aus ihrer
Schattenlänge zu berechnen anfing. Während also Kepler die
mathematischen Stützen für die Lehre des Koppernikus schuf,
brachte er physikalische Bestätigungen. Durch das Trägheitsgesetz entkräftete er den schon öfters erwähnten aristotelischen
Einwurf gegen die Bewegung der Erde. Durch seine Entdek-
kungen am Himmel stürzte er die Lehre des Aristoteles von der
Fleckenlosigkeit und göttlichen Reinheit der Sonne, zeigte er,
daß die andern Planeten wie die Erde ihr Licht von der Sonne
erhalten, und daß die Erde mit ihrem Monde keine Sonder-
stellung unter den Planeten einnimmt.

Wie rückständig und in den alten Anschauungen befangen die zeit-
genössischen Gelehrten noch waren, zeigen folgende zwei Aussprüche:
Der angesehenste Mathematiker in Rom, Clavius, meinte bei der Entdeckung der Jupitermonde: „Ich lache über die angeblichen Jupiter-
begleiter. Da muß man erst ein Fernrohr konstruieren, das diese zuerst
selbst erzeugt und dann natürlich zeigt." Die Aristoteliker wollten nicht
durch das Fernrohr sehen. Als der Jesuit und Mathematiker Scheiner,
der das terrestrische Fernrohr konstruierte, die von ihm gleichzeitig mit
Galilei entdeckten Sonnenflecken seinem Ordensprior zeigen wollte, er-
widerte dieser: „Mein Sohn, ich habe zweimal den Aristoteles gelesen,
und nichts davon gefunden."

Galilei hatte sich durch sein scharfes Vorgehen gegen seine Amts-
genossen deren Haß zugezogen und wurde dadurch in einen gefähr-

lichen und ungünstig für ihn verlaufenden Prozeß verwickelt, in dem er zum Widerruf seiner Lehren gezwungen wurde[1]). Er starb erblindet als 78jähriger Greis bei ·Florenz.

§ 63. Newton. Die Tätigkeit Galileis und Keplers hatte zur Folge, daß nunmehr die Gelehrten und Forscher sich mit wenigen Ausnahmen zur koppernikanischen Lehre bekannten. Das Hauptbestreben war darauf gerichtet, das Prinzip zu finden, auf das sich die Keplerschen Gesetze zurückführen ließen. Und dies gelang endlich **Isaak Newton** (1643—1727).

Nachdem schon Kepler 1604 in der gleichen Weise, wie dies heute noch geschieht, rein theoretisch abgeleitet hatte, daß die Lichtintensität mit dem Quadrat der Entfernung abnimmt, indem er um die Lichtquelle konzentrische Kugeln legt denkt, lag es nahe, anzunehmen, daß ein gleiches Gesetz für alle Kraftwirkungen gilt. Wie bereits Koppernikus und Kepler, sah man in der Sonne den Sitz der die Planeten regierenden Kraft, die Bewegung des Mondes müsse aber auf eine Kraft, die der Erde eigen ist, zurückgeführt werden. Newton kam auf den Gedanken, in der Mondbewegung und in der Bewegung eines geworfenen Körpers dieselbe Ursache zu suchen.

Nach Galilei ist die Fallbeschleunigung auf der Erde in heutigem Maß $g = 981$ cm. Nach Huygens (1629—1695), der sich gerade mit den Gesetzen der Zentralbewegung beschäftigte, ist die Zentralbeschleunigung $b = \dfrac{4\,r\,\pi^2}{T^2}$ und die Zentripetalkraft $k = \dfrac{4\,r\,\pi^2\,m}{T^2}$, wo r, m, T Abstand, Masse und Umlaufszeit des rotierenden Körpers bedeuten. Vorausgesetzt der Mond werde von der Erde angezogen, seine Bewegung sei eine Zentralbewegung, so muß seine Beschleunigung zur Erde $b = \dfrac{4\,R\,\pi^2}{T^2}$ sein, wo R der Mondabstand und T die Umlaufszeit des Mondes in Sekunden ist. Die Beschleunigungen in verschiedenen Abständen von einem Kraftzentrum nach diesem

---

[1]) Das Werk des Galilei, in dem er das neue Weltsystem als das beste darstellte, kam wie das Buch des Koppernikus auf den Index, von dem es erst 1822 gestrichen wurde!

hin, sind den **Kräften** proportional, und diese müssen sich, wenn der vorhin ausgesprochene Satz von den Lichtintensitäten allgemein für alle Kräfte gilt, umgekehrt wie die Quadrate der Entfernungen verhalten, also

$$g : b = \frac{1}{r^2} : \frac{1}{R^2}.$$

$$g = \frac{b\,R^2}{r^2} = \frac{4\,\pi^2\,R^3}{T^2\,r^2} = \frac{2\,\pi}{T^2} \cdot \left(\frac{R}{r}\right)^3 \cdot 2\,\pi\,r.$$

Der Umfang der Erde $2\pi r$ war 1667, wo Newton zum erstenmal die rechnerische Probe machen wollte, nicht richtig bekannt. Erst die Gradmessung durch Picard, 1669 (siehe § 25) gab zuverlässige Daten. Newton erfuhr erst 1682 von ihr und eine nochmalige Rechnung ergab, daß die Formel mit der möglichen Genauigkeit stimmt.

$$g = \frac{2\,\pi \cdot 4\,000\,000\,000}{2\,360\,580^2} \cdot 60{,}3^3 = 989 \text{ statt } 981 \text{ cm.}$$

Und nun machte sich Newton sofort an die Arbeit, zu untersuchen, ob die Keplerschen Gesetze nicht mit diesen Formeln zusammenhängen, und welche weiteren Folgen daraus gezogen werden können. Die Ergebnisse legte er in dem Hauptwerk: Principia mathematica philosophiae naturalis, das 1687 erschien, nieder.

§ 64. Newton und die Keplerschen Gesetze. a) Legt ein Planet in den drei aufeinander folgenden sehr kleinen Zeiten dt die Bahnelemente AB, BC und CD zurück (Fig. 36), so sind nach dem zweiten Keplerschen Gesetz $\triangle MAB = \triangle MBC = \triangle MCD$.

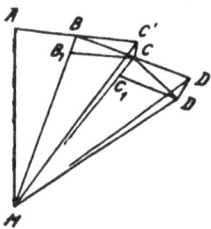

Ist $CC'\|MB$ und $DD'\|MC$, dann ist $\triangle MBC = \triangle MBC' = \triangle MAB$ und $\triangle MCD = \triangle MCD' = \triangle MBC$, also auch $BC' = AB$ und $CD' = BC$. Ist endlich $CB_1\|BC'$ und $DC_1\|CD'$, dann stellen sich die Wege BC und CD als die Resultanten je zweier Wege 1. BC' und BB_1 und 2. CD' und CC_1 dar. Die ersten Komponenten BC' und CD' würde der Planet, dem Beharrungsvermögen

Fig. 36. Zweites Kepler-sches Gesetz.

folgend, zurücklegen. Die zweiten Komponenten BB_1 und CC_1 weisen auf eine jeweils von B und C nach M gerichtete Kraft.

Da Newton noch weiter zeigte, s. Fig. 80, daß kugelförmige Massen aufeinander wirken, wie wenn ihre Massen in ihren Mittelpunkten konzentriert wären, so kann M als der Mittelpunkt der Sonne und A, B usw. als der Mittelpunkt eines Planet gelten. Und so folgt aus dem zweiten Keplerschen Satz, daß die Planeten außer dem Beharrungsgesetz noch einer Kraft unterworfen sind, die stets nach dem Mittelpunkt des Zentralkörpers gerichtet ist, d. h. sie führen eine Zentralbewegung aus.

b) Da die Planetenbahnen einem Kreise sehr nahe kommende Ellipsen sind, sollen jetzt weiter die für die kreisförmige Zentralbewegung geltenden Formeln zugrunde gelegt werden. Danach verhalten sich die Zentripetalkräfte zweier Massen m_1 und m_2 mit den Abständen r_1 und r_2 und den Umlaufszeiten T_1 und T_2

$$K_1 : K_2 = \frac{4\,\pi^2\,m_1\,r_1}{T_1{}^2} : \frac{4\,\pi^2\,m_2\,r_2}{T_2{}^2} = \frac{m_1\,r_1}{m_2\,r_2} : \frac{T_1{}^2}{T_2{}^2}$$

und nach dem dritten Keplerschen Satz

$$= \frac{m_1\,r_1}{m_2\,r_2} : \frac{r_1{}^3}{r_2{}^3} = \frac{m_1}{r_1{}^2} : \frac{m_2}{r_2{}^2};$$

oder weil $K_1 = m_1\,b_1$ und $K_2 = m_2\,b_2$ ist

$$b_1 : b_2 = \frac{1}{r_1{}^2} : \frac{1}{r_2{}^2}.$$

Dieses Ergebnis findet man bei allen Planeten bestätigt. Für die Erdbeschleunigung g und die Zentripetalbeschleunigung des Mondes nach der Erde zu gelten die gleichen Beziehungen. Erdbeschleunigung g und Zentripetalbeschleunigung der Planeten nach der Sonne werden also auf die gleiche Ursache, auf eine allgemeine Anziehungskraft zurückzuführen sein. Wie die Erde den Stein anzieht, so zieht sie auch den Mond an und die Sonne die Planeten. Diese Anziehungskräfte sind direkt proportional der Masse der rotierenden Körper und indirekt dem Quadrat ihrer Abstände vom Zentralkörper.

§ 65. Das allgemeine Gravitationsgesetz. Es frug sich noch, ob die Beschleunigung nach verschiedenen Zentralkörpern die gleiche, also unabhängig von der Masse der Zentralkörper ist oder nicht. Dies ließ sich auf folgende Weise beantworten. Da die Beschleunigungen in verschiedenen Abständen nach einem Körper hin sich umgekehrt verhalten, wie die Quadrate der Entfernungen, so ist die Beschleunigung eines Körpers nach der Erde in Sonnenferne

$$g_s = \frac{g\, r^2}{R_s^2},$$ wo r der Erdradius, $R_s = 150$ Mill. km und $g = 981$ cm

ist. Die Beschleunigung der Erde nach der Sonne hin ist aber $b_s = \frac{4\,\pi^2\, R_s}{T^2}$, folglich

$$\frac{b_s}{g_s} = \frac{4\,\pi^2\, R_s^3}{T^2\, g \cdot r^2} \sim 333\,000,$$

d. h. die Beschleunigung (also auch die nach der Sonne hin wirkende Kraft) ist 330000 mal größer als die nach der Erde zu wirkende. Dies kann nur seine Ursache in der größeren Masse der Sonne haben. Folglich ist die zwischen zwei Massen wirkende Kraft proportional dem Produkt der beiden Massen, dividiert durch das Quadrat ihrer Entfernung (Entfernung der Mittelpunkte) $D = \varkappa \cdot \dfrac{M_1 \cdot M_2}{r^2}$, wo $\varkappa$ noch ein von der Wahl der Einheiten abhängiger Proportionalitätsfaktor ist, die Gravitationskonstante genannt. Im cm-, sek-, g-System ist $\varkappa = 66,8 \cdot 10^{-9}$. S. § 79.

Das Gravitationsgesetz war für lange Zeit eines der umfassendsten Naturgesetze. Es ist eine Verallgemeinerung des Galileischen Fallgesetzes, begreift die Keplerschen Gesetze in sich und geht auch weit über die von Huygens gefundenen Gesetze der Zentralbewegung hinaus. Es ist die Grundlage für die ganze moderne theoretische Astronomie, der sie, wie wir noch sehen werden, zu ihren großen Fortschritten verhalf. Koppernikus hatte es geahnt, Kepler, der zunächst wie sein Zeitgenosse Gilbert an magnetische Kräfte zwischen Sonne und Planeten dachte, hat später zuversichtlich angenommen, daß es sich würde erweisen lassen, daß die Schwerkraft, die den geworfenen Stein zur Erde zieht, dieselbe Kraft ist wie die, welche den Mond festhält und die Planeten sich nicht von der Sonne entfernen läßt.

Die Gravitationskraft fand aber anfangs große Gegnerschaft bei den Kartesianern. Descartes und seine Anhänger wollten es nicht gelten lassen, daß eine Fernwirkung zwischen zwei mechanisch unverbundenen Massen bestehen könne. Descartes, der das Koppernikanische

System dem Ptolemäischen und dem Tychonischen vorzog, konstruierte sich gleich einem Philosophen des Altertums ein Weltsystem, das auf Wirbelbewegungen der kleinsten Teilchen, der Corpuskeln, deren es dreierlei Art giöt, beruht. Mit dieser Wirbeltheorie suchte er alle Erscheinungen zu erklären. S. § 103. Newton lehnte es ab, über das Wesen und über die Ursache der Gravitation Vermutungen aufzustellen (hypotheseos non fingo), er will nur den gesetzmäßigen Verlauf der Erscheinungen erforschen und darstellen. Seine Anhänger aber machten, vielleicht nicht ohne seine Schuld, den Fehler, sofort in der Gravitation ein den Massen anhaftendes Streben, eine Kraft, förmlich eine Weltseele zu erblicken. Sie schrieben der Materie Eigenschaften zu, die nach der nicht unberechtigten Ansicht der Kartesianer ebensowenig beweisbar wie anschaulich sind.

B. Der Ausbau des Koppernikanischen Systems im einzelnen und physikalische Beweise dafür.

§ 66. Keplers Berechnungen der Entfernungen der Planeten von der Sonne. Um etwas Gesetzmäßiges in den Bahnelementen der Planeten zu finden, mußte Kepler die Entfernungen der Planeten von der Sonne oder wenigstens ihr Verhältnis kennen. In § 32 haben wir gesehen wie Hipparch, die Abstände der Sonne und des Mondes von der Erde bestimmte. Die damals gewonnenen Zahlen waren noch für Kepler maßgebend. Um aber die Abstände der übrigen Planeten von der Sonne zu finden, mußte Kepler ein anderes Verfahren einschlagen. Schon im Altertum kannte man recht genau für die einzelnen Planeten die Zeitdauer, nach der sich z. B. die Oppositionen oder, was noch besser zu beobachten war, nach der sich der Beginn der rückläufigen Bewegungen d. h. entsprechender Stillstände regelmäßig wiederholte. Diese betrug für den Mars 779,82 Tage. Der Längenunterschied zweier solcher Punkte (Fig. 34 und 35) läßt sich leicht berechnen und sogar am Himmel nachmessen. In 779,88 Tagen beschreibt die Erde

$$\frac{360}{365,26} \cdot 779,88 = 767,5^0,$$

das sind 47,5^0 mehr als ein doppelter Umlauf. Der Mars hat in dieser Zeit, wie man sich leicht überzeugen kann, nur einen Umlauf und 47,5^0, zusammen 407,5^0, beschrieben; dazu braucht er 779,88 Tage, zu 360^0 daher $\frac{779,88 \cdot 360}{407,5} = 687$ Tage. Somit

hatte er die heliozentrische Umlaufszeit des Mars und in ähnlicher Weise die der anderen Planeten.

Aus dem reichen Beobachtungsmaterial des Tycho konnte
nun Kepler mehrfach für Zeitpunkte, die um 687 Tage auseinander liegen, die geozentrischen Längen der Sonne und des
Mars entnehmen, danach die gegenseitige Stellung von Sonne,
Erde und Mars für mehrere Zeitpunkte einzeichnen und daraus
die Entfernungen des Mars von der Sonne
berechnen (Fig. 37). Ist S die Sonne, E_1
die Stellung der Erde an irgendeinem
Tage, E_2 die Stellung der Erde nach
687 Tagen ($\sphericalangle E_1 S E_2 =$?); beträgt ferner
der Längenunterschied zwischen Mars und
Sonne am ersten Zeitpunkt a^0, am zweiten Zeitpunkt β^0, dann ist M der Ort
des Mars im heliozentrischen System
und SM sein Abstand von der Sonne,
der aus dem Viereck SE_1ME_2, bezogen

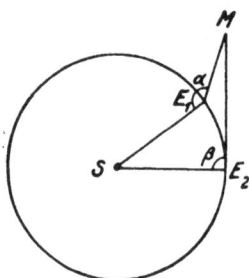

Fig. 37. Berechnung der
Marsabstände.

auf SE als Einheit, berechnet werden kann. Auf diese Weise
konnte nun Kepler für mehrere M_1, M_2, M_3 usw. die Abstände von der Sonne berechnen, die nicht für eine Kreis-
sondern für eine elliptische Bahn paßten. In gleicher Weise
lassen sich dann die Abstände der übrigen Planeten von der
Sonne in Einheiten $= SE$ finden.

§ 67. Horizontalparallaxe. Die Folgezeit brachte sehr langsame Verbesserung der astronomischen Instrumente. Das Keplersche Fernrohr mit
Fadenkreuz wurde als Visiermittel erst 1667 von Picard (§ 25) benutzt.
Das Galileische Fernrohr eignet sich nicht zur genauen Einstellung auf
einen Punkt. Mikrometerschrauben, feinere Kreisteilungen, die mit Lupen
oder Mikroskopen abgelesen werden, sind noch jüngeren Alters. Im
17. Jahrhundert mußte noch der Astronom seine Instrumente mit Hilfe
von Handwerkern selbst konstruieren; erst im 18. Jahrhundert etablierten
sich besondere Feinmechaniker, in deren Werkstätten dann die Vervoll-
kommnung der Instrumente auf große Höhe gebracht wurde, so daß sie
den auch immer größeren Anforderungen an Präzision genügen konnten.

Zu den wichtigsten Aufgaben der messenden Astronomie
gehörte die Gradmessung (§ 24 und 25), und von ihr abhängig
die Bestimmung der Entfernung der Gestirne. Als Vergleichs-
mittel für die Abstände der Gestirne von der Erde wurde die

Horizontalparallaxe eingeführt. Fig. 38. Steht der Mittelpunkt eines Gestirnes P im Horizont eines Beobachters A, so ist der Winkel p_0. unter welchem der Erdradius $MA = r$ von P aus gesehen wird, die Horizontalparallaxe von P_0. Aus Fig. 38

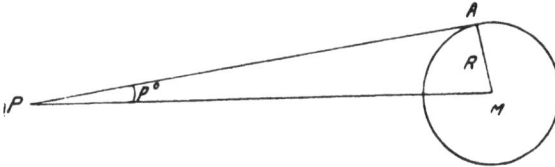

Fig. 38. Horizontalparallaxe.

folgt $\sin p_0 = \dfrac{r}{MP}$ oder $MP = \dfrac{r}{\sin p_0}$, und da p_0 stets ein sehr kleiner Winkel ist $MP = \dfrac{r}{p_0}$ (p_0 im Bogenmaß ausgedrückt), oder $MP : r = 1 : p_0$; d. h. der Abstand eines Gestirns vom Erdmittelpunkt verhält sich zum Erdradius wie der

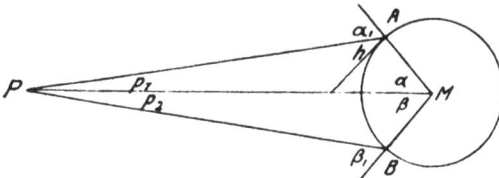

Fig. 39. Bestimmung der Parallaxe.

Radius des Einheitskreises zum Bogen p_0. Liegen ferner zwei Orte A und B auf der Erdoberfläche in gleicher Ebene mit M und P, dann folgt aus Fig. 39:

$$\frac{MA}{MP} = \frac{MB}{MP} = \frac{r}{MP} = \frac{\sin p_1}{\sin \alpha_1} = \frac{\sin p_2}{\sin \beta_1} = \frac{\sin p_1 + \sin p_2}{\sin \alpha_1 + \sin \beta_1} =$$

$$= \frac{p_1 + p_2}{\sin \alpha_1 + \sin \beta_1}.$$

Es ist aber $p_1 = \alpha_1 - \alpha$ $\quad p_2 = \beta_1 - \beta$.

$$p_1 + p_2 = (\alpha_1 + \beta_1) - (\alpha + \beta), \text{ folglich}$$

$$\sin p_0 = p_0 = \frac{r}{MP} = \frac{(\alpha_1 + \beta_1) - (\alpha + \beta)}{\sin \alpha_1 + \sin \beta_1}.$$

α_1 und β_1 sind die meßbaren Zenitdistanzen des Gestirnes in A und B, $\alpha + \beta$ ist der Bogen $\overparen{AB}$, der aus den bekannten

Längen und Breiten der Orte A und B berechnet werden kann.

Ist h die Höhe des Sternes im Punkt A, so ist

$$\frac{\sin p_1}{\cos h} = \frac{r}{MP}, \quad \sin p_1 = p_1 = \frac{r \cdot \cos h}{MP};$$

p_1 heißt die Höhenparallaxe des Gestirnes für A.

§ 68. Sonnenparallaxe. Abstand der Erde von der Sonne.

Da die Sonnenferne für die Planetenabstände als Einheit diente, so war es wichtig, diese Größe selbst genau zu ermitteln. Aus der Hipparchschen Rechnung (§ 32), die sich ihrerseits auf die Messung des Aristarch stützte (§ 31), folgte für die Sonnenparallaxe 3′. Es ist nicht uninteressant, daß 1650 unter Anwendung des Fernrohres eine Revision der Aristarchischen Messung vorgenommen wurde. Als Winkelabstand des Mondes zur Zeit des ersten Viertels von der Sonne fand man jetzt als Mittel 89° 45′ statt 87°. Mit diesem Werte erhält man für die Sonnenparallaxe 14″. Damit wuchs die Entfernung der Sonne von der Erde von etwa 1146 auf 14700 Erdradien. Die späteren Bestimmungen der Sonnenparallaxe beruhen auf Parallaxenbestimmungen des Mars oder der Planetoiden zur Zeit ihrer Opposition, d. h. ihrer größten Nähe, oder auf den Beobachtungen der seltenen Venusdurchgänge 1761 und 1769, das sind die Erscheinungen, in denen die Venus zur Zeit ihrer Konjunktion als kleiner dunkler Punkt durch die Sonnenscheibe zieht.

Mit Hilfe der Marsopposition, bei der die Verhältnisse freilich nicht so einfach liegen, wie sie im vorigen Paragraphen angenommen, wurde die Sonnenparallaxe zum ersten Mal auf der berühmten Expedition (§ 46) von Richer in Cayenne berechnet. Die Marsparallaxe ergab sich zu 25⅓″, damalige Marsdistanz 0,372 Erdfernen, daraus Sonnenparallaxe 9½″, wodurch der Radius der Erdbahn auf 21700 Erdradien, d. h. 138 Mill. km wuchs. Auf Grund der Venusdurchgänge wurde später die Sonnenparallaxe zu 8,8″ = 0,0000427 bestimmt. Daraus folgt eine Sonnenferne = 23400 Erdradien = 149,5 Millionen km.

§ 69. Venusdurchgang. Fig. 40. E, V, S seien die Mittelpunkte von Erde, Venus und Sonne. A und B seien zwei weit aus-

einander liegende Orte der Erde, so gewählt, daß AB senkrecht auf der Ebene der Venusbahn steht. A und B sehen dann die Venus auf den parallelen Sehnen FG und HI über die Sonne ziehen. CD sei der auf ihnen senkrecht stehende Sonnendurchmesser. SH und SF der Sonnenradius. Dann können ΔAVB und CVD als ähnliche gleichschenklige Dreiecke betrachtet werden, mithin

$$AB : CD = AV : CV = (AC - CV) : CV.$$

Nun können AC und VC als Abstände der Erde und Venus von der Sonne angesehen werden, deren Verhältnis nach dem dritten Keplerschen Gesetz gleich $1 : 0{,}723$ ist. Folglich

$$AB : CD = (1 - 0{,}723) : 0{,}723 = 0{,}383.$$

Da aber die Sehne AB aus den Längen und Breiten von A und B berechnet werden kann, so kann auch CD in km berechnet werden.

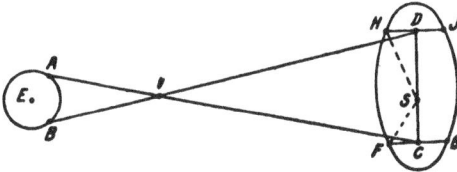

Fig. 40. Venusdurchgang.

Dauert nun der Venusdurchgang für A und B t_1' und t_2' Sekunden, so lassen sich die Zeiten t_1 und t_2, die die Venus braucht, um die Bogen FG und HI zurückzulegen, berechnen. Man bedenke, daß die Erde während der Zeiten t_1' und t_2' auf ihrer Bahn um die Sonne weiterschreitet und gleichzeitig um ihre Achse rotiert. Die Größe der von A und B (oder E) aus gesehenen Bögen FG und HI sind dann in Bogenmaß

$$b_1 = \frac{2\,\pi\,t_1}{T} \quad \text{und} \quad b_2 = \frac{2\,\pi\,t_2}{T},$$

wo T die Umlaufszeit der Venus (im gleichen Maß wie t_1 und t_2 gemessen) ist. Ist weiter R der Sonnenradius (ebenfalls im Bogenmaß ausgedrückt), so hat man

$$CD = \sqrt{R^2 - \frac{1}{4}b_1^2} + \sqrt{R^2 - \frac{1}{4}b_2^2}.$$

Dadurch kennt man CD auch im Bogenmaß, d. i. der Winkel, unter dem CD von der Erde aus gesehen wird. $\triangle CDE$ kann als gleichschenklig angesehen werden. Daraus ergibt sich dann einmal direkt die Länge EC, der Abstand der Sonne von der Erde, oder, da $AB = 0{,}383\,CD$ ist, auch der $\sphericalangle\,ASB$, d. i. die Parallaxe von AB. Es ist aber $\sphericalangle\,ASB = p_1 + p_2$ und, da nach § 69

$$\sin p_0 = p_0 = \frac{p_1 + p_2}{\sin \alpha_1 + \sin \beta_1},$$

so ist damit die Horizontalparallaxe p_0 der Sonne gefunden. Die beiden letzten Venusdurchgänge fanden 1874 und 1882 statt, bei der letzten wurde auch die Photographie benutzt.

§ 70. Aberration des Lichtes. Fixsternparallaxe. Der Einwurf Tychos gegen das Koppernikanische System war das Fehlen der notwendigen, scheinbaren Verschiebungen der Sterne untereinander, wie sie die Bewegung der Erde auf einer so weiten Bahn um die Sonne verlangte. Bei den ungeheuren Entfernungen der Sterne ist die Verschiebung so gering, daß sie mit den nach heutigen Verhältnissen ungenauen Instrumenten des 17. Jahrhunderts, mit denen man höchstens Winkel auf Minuten genau bestimmen konnte, nicht zu erkennen war. Mit der Verbesserung der astronomischen Instrumente, mit denen Winkel allmählich auf Sekunden genau abgelesen werden konnten, erwartete man, diese Verschiebung endlich feststellen zu können. Nach vergeblichen Bemühungen gelang es dann endlich einem Liebhaberastronom, M o l y n e u x , auf seiner Sternwarte bei London im Jahre 1725 eine Erscheinung zu entdecken, die der gesuchten Sternverschiebung ähnlich war. In Gemeinschaft mit **Bradley**, dem Oxforder Astronom, der die Untersuchungen bald allein weiterführte, fand er mit seinem Zenitsektor von 24-füßigem Radius an einem Stern im Drachen eine Verschiebung von 20″ nach Süden und im nächsten halben Jahr um 20″ nach Norden. B r a d l e y beobachtete dann noch weitere Sterne. Solche, welche in der Nähe des Ekliptikpoles stehen, beschreiben kleine Kreise, Sterne mit geringerer Breite (Entfernung von der Ekliptik) Ellipsen und Sterne in der Ekliptik gerade Strecken. Das Auffallendste ist, daß die Radien der Kreise oder die halben großen Achsen der Ellipsen bei allen Sternen die gleiche Größe,

nämlich etwa 20,7" haben. Wäre diese Erscheinung eine Folge
der verschiedenen Stellungen der Erde auf ihrer Bahn, so hätten
alle Sterne die gleiche Jahresparallaxe (der Winkel, unter dem
der Erdbahnradius vom Stern aus gesehen erscheint),
also auch gleiche Entfernung von der Erde. Ferner hätte
man erwarten müssen, daß die Sterne zur Zeit ihrer Qua-
draturen ($\sphericalangle ESF = 90^0$), Fig. 41, an den Enden der
großen Achse ihrer scheinbaren Verschiebung stehen,
also ihre größte Abweichung von ihrem Platze haben.
Dies war aber gerade zur Zeit der Konjunktion und
Opposition $\sphericalangle OSF$ und KSF der Fall (siehe Fig. 41).
Bradley fand sofort die richtige Erklärung.

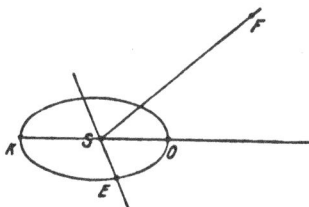

Fig. 41. Opposition und Kon-
pinklion eines Gestirns.

Fig. 42.
Aberration
des Lichtes.

Fig. 42. Fällt ein Wassertropfen senkrecht in ein senkrecht ge-
haltenes Rohr, so wird er dieses parallel zur Achse durchfallen.
Wird aber das Rohr etwa nach rechts parallel mit sich weiter
bewegt, so wird der Tropfen an der linken Wand anschlagen.
Soll der Tropfen wieder das Rohr parallel zur Achse durchfallen, so muß man es oben nach rechts neigen. Der Neigungswinkel hängt vom Verhältnis der Geschwindigkeiten des Rohres
und des Tropfens ab, es ist $\operatorname{tg} \alpha = \frac{v_1}{v_2}$. Nehmen wir statt des
einfachen Rohres ein Fernrohr auf der Erde, und statt des
Tropfens eine Lichtwelle vom Stern, so ist $v_1 = 29,7$ km und $v_2 =$
300000 km (Olaf Römer), $\operatorname{tg} \alpha$ mithin $= \frac{29,7}{300000} = 0,000099$,
und dies entspricht dem beobachteten Winkel von 20,6". Nach
Bradley heißt diese Erscheinung **Aberration** des Lichtes.
Demnach muß man das Fernrohr also immer um den
Aberrationswinkel nach vorn, d. i. nach der Bewegungsrichtung

der Erde neigen. Umgekehrt, um die wirkliche Position des Sternes zu erhalten, muß man den Aberrationswinkel zum Neigungswinkel des Fernrohres mit der Ekliptik addieren. Fig. 43. Projiziert man die Verbindungslinie des Sonnenmittelpunktes und des Fixsternes auf die Ekliptik, so schneidet die Projektion die Erdbahn in zwei Punkten *1* und *3*; an diesen ist der Aberrationswinkel am kleinsten, an den Enden des senkrechten Durchmessers der Erdbahn *2* und *4* am größten = 20,6″, und liegt der Stern in der Ekliptik, ist er gleich Null.

Die Entdeckung der Aberration des Lichtes ist die erste physikalische Bestätigung, die man für die Bewegung der Erde um die Sonne fand.

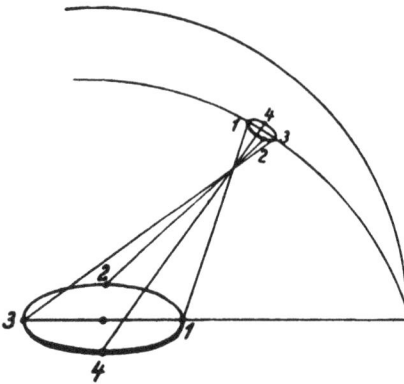

Fig. 43. Parallaktische Ellipse.   Fig. 44. Aberrations-Ellipse.

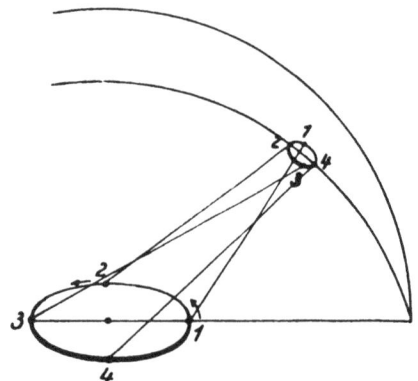

Wirkliche Fixsternparallaxen wurden erst über ein Jahrhundert später gefunden. Der erste war **Bessel,** der in den Jahren 1838 bis 1840 im Stern 61 des Schwanes eine Jahresparallaxe = 0,87″ fand. Ihr entspricht ein Abstand gleich 12 Billionen km. Ihm folgten dann andere Astronomen, denen es ebenfalls gelang, bei einigen Sternen Jahresparallaxen, die freilich alle nur Bruchteile einer Sekunde betragen, zu finden. Bisher hat man nur einige 50 Fixsternparallaxen gefunden, der Stern *a* im Stier hätte nach neueren Messungen die größte = 0,752″. Damit ist einerseits eine weitere Bestätigung des Koppernikanischen Systems gewonnen, andererseits hatte man mit der Auffindung einer Parallaxe eine erste Möglichkeit, über die wahre

Entfernung der Gestirne wirkliche brauchbare Daten und eine zutreffende Vorstellung zu erhalten.

§ 71. Die Gezeiten. Neben den Ausmessungen der Größenverhältnisse in unserem Sonnensystem und im Universum überhaupt beschäftigte man sich auch mit dem Ausbau der Himmelsmechanik, d. h. mit Untersuchungen, die sich auf die Bestätigung und die weiteren Folgen des Gravitationsgesetzes beziehen. Hierzu gehören in erster Linie **Ebbe und Flut,** die man bereits im Altertum zu erklären versuchte, so z. B. Poseidonius 100 v. Chr., derselbe, der eine Erdmessung veranstaltete (§ 25). Schon Pytheas (300 v. Chr.) erkennt den Zusammenhang der Gezeiten mit dem Monde, ebenso Strabo 16 n. Chr. Im Beginn der Neuzeit sind es Stevin[1]), 1590, und Kepler, 1609, welche von der Anziehungskraft des Mondes sprechen. Interessant ist es wohl auch, daß nach einigen Stellen in Shakespeareschen Dramen damals der Einfluß des Mondes ziemlich allgemein angenommen war. Galilei dagegen führte in bewußtem Gegensatz zu Kepler die Erscheinung auf die doppelte Bewegung der Erde zurück. Erst Newton gab eine brauchbare Theorie, die auf seinem Attraktionsgesetz beruht. Ein Jahrhundert später, 1774, ist es L a p l a c e , der diese Theorie wesentlich verbesserte, wobei er sich auf seine eingehenden Detailforschungen an der Küste von Brest, aber auch auf die mathematischen Vorarbeiten von Bernoulli, Maclaurin, Euler und Lagrange stützen konnte. Auch das 19. Jahrhundert brachte noch einige Verfeinerungen und Spezialisierungen, bis Thomson (Lord Kelvin) 1878 der Gezeitentheorie die heut gültige Form gab. Es soll hier die Rolle, die die Gravitation spielt, klargemacht werden.

Es seien in Fig. 45 M der Mond, der Kreis um E mit den Punkten $ABCDFG$ ein Durchschnitt der Erde mit dem Erdmittelpunkt E. k_a, k_b, k_c, k_d usf. sollen nach Größe und Richtung die an den ausgewählten Punkten herrschenden, nach dem Monde hin wirkenden Anziehungskräfte darstellen. Deformierend wirken dann nur die Komponenten x_b, x_c ... und, wenn diese in ihre normal und tangential zur Erdoberfläche

---

[1]) Stellte die erste richtige Theorie der schiefen Ebene auf.

gerichteten Komponenten n_b, n_c ... und t_b t_c ..., zerlegt
werden, so erkennt man, daß auf der dem Monde zugekehrten
Seite der Erde ein Abfließen leicht beweglicher Materie nach A,
auf der entgegengesetzten Seite ein Abfließen nach F zu stattfindet. Die Normalkomponenten sind in der Umgebung von A
nach dem Monde, bei F entgegengesetzt gerichtet, d. h. an
beiden Punkten entsteht eine Erhöhung (Zenit- und Nadirflut),
bei C und G dagegen eine Depression. Der Querschnitt nimmt
die Form einer Ellipse mit der Längsachse AF an.

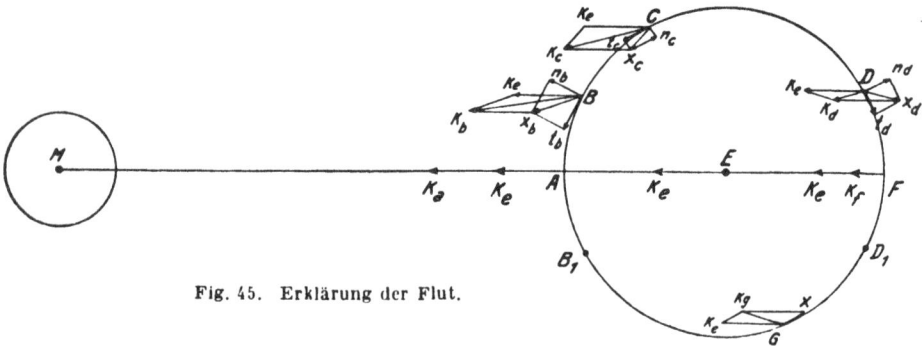

Fig. 45. Erklärung der Flut.

§ 72. Fortsetzung. Vergleich zwischen Sonne und Mond.

Die Größen dieser Normalkomponenten in A und F lassen
sich leicht rechnerisch mit k_e vergleichen. Sei jetzt M die
Masse des Mondes, m die Masse eines Erdteilchens, R der
Abstand des Mond- vom Erdmittelpunkt, r der Erdradius,
$\varkappa$ die Gravitationskonstante, dann sind die Größen k_a, k_e, k_f
beziehungsweise

$$\frac{\varkappa M \cdot m}{(R-r)^2}, \quad \frac{\varkappa M \cdot m}{R^2}, \quad \frac{\varkappa M \cdot m}{(R+r)^2}.$$

Setzt man $R = 60r$ und $\varkappa m = C$, dann erhält man

$$\frac{CM}{r^2 \, 59^2}; \quad \frac{CM}{60^2 \, r^2}; \quad \frac{CM}{61^2 \cdot r^2}.$$

Die Normalkomponenten n_a und n_f sind dann

$$n_a = \frac{C \cdot M}{59^2 \, r^2} - \frac{C \cdot M}{60^2 \, r^2} = C \cdot M \frac{60^2 - 59^2}{60^2 \cdot 59^2 \, r^2} = \frac{60 + 59}{60^2 \cdot 59^2 \, r^2} \cdot C \cdot M$$

$$n_f = \frac{C \cdot M}{61^2 \, r^2} - \frac{C \cdot M}{60^2 \, r^2} = C \cdot M \frac{60^2 - 61^2}{60^2 \cdot 61^2 \, r^2} = -\frac{60 + 61}{60^2 \cdot 61^2 \, r^2} \cdot C \cdot M.$$

Das Minuszeichen bezeichnet die Richtung vom Monde weg.

Will man den Erdradius gegenüber der Größe R vernachlässigen, so kann man in diesen Brüchen $59 = 60 = 61$ setzen und erhält $= \pm \dfrac{2\,C \cdot M}{60^3\,r^2}$ als fluterzeugende Kraft des Mondes.

Damit drängte sich die Frage auf, ob auch andere Gestirne in gleicher Weise wie der Mond auf die Erde wirken, was sich für die Sonne, die zwar viel weiter von der Erde entfernt ist, aber millionenmal mehr Masse als der Mond hat, leicht nachweisen läßt. Nimmt man Sonnenabstand $= 23500\,r$, und bezeichnet mit M_s und M_m die Sonnen- und Mondmasse, F_s und F_m die fluterzeugende Kraft beider, so ist

$$F_s : F_m = \frac{2\,C\,M_s}{23500^3\,r^2} : \frac{2\,C\,M_m}{60^3\,r^2} = \frac{M_s \cdot 60^3}{M_m\,23500^3} = 0{,}44.$$

$$\left(M_s = 328000, \quad M_m = \frac{1}{81} \text{ der Masse der Erde.} \right)$$

Stehen Sonne und Mond in Konjunktion oder Opposition, so addieren sich die beiden Kräfte (Springflut), stehen sie in Quadratur, so verkleinert die Sonnenwirkung die Kraft des Mondes (Nippflut). Infolge der Erdrotation geht die Flutwelle zweimal während 24 Stunden 50 Min über die Orte der Erde, die zwischen Mondbahn und Ekliptik zu liegen kommen. Die Zeiten der Ebbe liegen für diese Gegenden natürlich zwischen den Flutzeiten. An Orten der Erde, die polar zu diesen Ebenen liegen, werden sich die Gezeiten am wenigsten bemerkbar machen. Der Linienzug der Küsten macht den Verlauf der Gezeiten sehr verwickelt. Auch folgt die Flut dem Höchststande des Mondes erst einige Zeit nach.

Da die Flutwelle der Rotation der Erde entgegengerichtet ist, so hat man (z. B. Kant) es für möglich gehalten, daß die Gezeiten die Erdrotation allmählich verlangsamen. Bis jetzt hat eine Verlangsamung nicht nachgewiesen werden können (s. § 93).

§ 73. Präzession und Nutation. Die schon von Hipparch erkannte und richtig gedeutete Längenverschiebung der Sterne, die mit einem Vorrücken des Frühlingspunktes gegen den scheinbaren Sonnenlauf in der Ekliptik identisch ist, und auf welcher der Unterschied des siderischen und tropischen Jahres beruht, hatte sich im Laufe der vergangenen geschichtlichen 2000 Jahre schon sehr bemerkbar gemacht. Der Frühlingspunkt war etwa 300 v. Chr. im Widder, die Sommersonnenwende im Krebs, der Herbstpunkt in der Wage und die Wintersonnen-wende im Steinbock gelegen (vergleiche die Bezeichnungen: Wendekreis des Krebses und des Steinbocks), jetzt sind diese Punkte um 30⁰ verschoben, so daß z. B. die Sommer-sonnenwende im Sternbilde der Zwillinge steht.

Nach genaueren Messungen beträgt die Präzession jährlich 50″ 2, das macht in 26000 Jahren einen vollen Umlauf. Danach würde die Erdachse in dieser Zeit einen Kegelmantel beschreiben, dessen Spitze bei den gegenüber dem Halbmesser der Erd-bahn unermeßlichen Entfernungen der Sterne in der Sonne liegt, und der die Himmelskugel in einem Kreise mit dem Radius

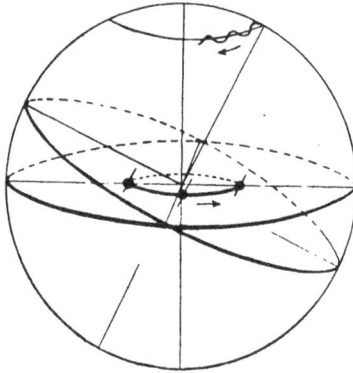

Fig. 46. Präzession und Nutation.

23½⁰ schneidet. Der Himmelspol beschreibt diesen Kreis (Fig. 46) in der Zeit von 26000 Jahren um den Pol der Ekliptik, er wandert von Sternbild zu Sternbild, er nähert sich jetzt noch dem Polarstern, später entfernt er sich von ihm, um der Reihe nach ins Sternbild des Cepheus, des Schwans und der Leier zu treten.

Koppernikus hatte bereits die Vermutung ausgesprochen, daß die Erde abgeplattet und diese Abplattung der Erde die Ursache für die Präzession sei. Newton, der die Größe der Ab-plattung noch nicht genau kannte, hatte bei seinen Unter-suchungen nur kugelförmige Körper berücksichtigt. Daß der Äquatordurchmesser größer als die Erdachse ist, wurde erst von Euler berücksichtigt.

Nun fand Bradley, der seit 1742 in Greenwich Nachfolger
Halleys geworden war, eine Unregelmäßigkeit in der Präzession,
die er als wellenförmige Schwankung der Erdachse, **Nutation**
genannt, erkannte. Danach beschreibt **der Himmelspol** keinen
Kreis, sondern über diesem **Kreis als** Achse eine Wellenlinie, mit
allerdings sehr kleiner Amplitude gleich 7'' bis 9'' und einer
Wellenlänge von etwa 15,8', so daß sich eine Periodizität von
19 Jahren für die Schwankung der Erdachse ergibt. Bradley
führte sofort diese Nutation auf die Wirkung des Mondes
zurück, dessen Stellungen zur Sonne sich ja fast genau nach
19 Jahren wiederholen.

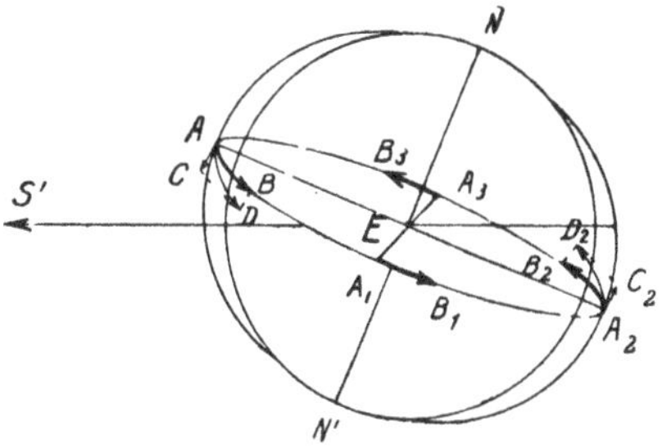

Fig. 47. Erklärung der Präzession.

§ 74. Fortsetzung. Zur Erklärung betrachten wir Fig. 47.
SE sei die Verbindungslinie des Sonnen- und Erdmittelpunktes,
die Ellipsen $NAN'A_2$ ein Erdmeridian, $A A_1 A_2 A_3$ der Erdäquator. Die Kugel mit dem Radius EN hat ihren Massenmittelpunkt in E, sie schaltet bei dieser Untersuchung, wie
wir sehen werden, aus. Das wulstartige Gebilde, das sie umgibt und das am Äquator eine Dicke von 21 km hat, erfährt
noch besondere Anziehungskräfte. Die Massen um A erleiden
eine größere, die um A_2 eine kleinere Anziehung als E, die
Massen um A_1 und A_3 erleiden dagegen die gleiche wie E.
In gleicher Weise wie in Fig. 45 entstehen dann aus der Verschiedenheit der Attraktionskräfte in den einzelnen Massen-
punkten Tangentialkomponenten, die bei A nach unten und
bei A_2 nach oben gerichtet sind. Sie werden nicht aufgehoben
durch entgegenwirkende Kräfte, die an symmetrisch in bezug
auf SE als Achse zu ihnen gelegenen Massen angreifen könnten.
Sie suchen AA_2, somit auch NN', um E links herum zu drehen,

d. h. die Erdachse zur Ekliptik senkrecht zu stellen. Bei kugelförmiger Erde (Fig. 45) entsprechen den Punkten B und D
die symmetrischen B_1 und D_1. Leicht bewegliche Massen, wie
Wasser, werden daher nach A und F von beiden Seiten her-
gezogen, entgegengesetzte Drehmomente fester Massen heben
sich aber gegenseitig auf. Nun rotiert die Erde in der Richtung $A A_1 A_2 A_3$. Angenommen die Punkte A und A_2 legen in
der kleinen Zeit dt infolge der Rotation die Wege $A B$ und $A_2 B_2$,
infolge der vorhin erwähnten Drehwirkung aber die Wege $A C$
und $A_2 C_2$ zurück, so würden sich daraus die Resultanten $A D$
und $A_2 D_2$ ergeben, d. h. die Ebene des Äquators, die auf der
Zeichenebene senkrecht gedacht ist, neigt sich ein wenig, der
vordere Teil nach unten, der hintere Teil nach oben, und N
tritt aus der Zeichenfläche etwas nach vorn, N' dagegen nach
hinten heraus.

Es versteht sich von selbst, daß der Mond trotz seiner
26-millionenmal kleineren Masse aber seiner 400 mal größeren Nähe
eine entsprechende Wirkung hat, die sich mit der Sonnenwirkung
zu der komplizierten Erscheinung der Präzession und Nutation
zusammensetzen. Es bedarf die vorstehende Darstellung, wie wir
noch in § 78 u. 90 sehen werden, einer weiteren Verbesserung.

**§ 75. Die Entdeckung der Periodizität einiger Kometen,
des Uranus und der Planetoiden.** Die zweite Hälfte des 18.
und der Beginn des 19. Jahrhunderts brachten einige wichtige
Entdeckungen in unserem Sonnensystem, zunächst die Erkenntnis, daß mehrere Kometen, über deren Beschaffenheit
auch heute noch kein abgeschlossenes Urteil ausgesprochen
werden kann, geschlossene Ellipsen um die Sonne beschreiben.
Halley (1656—1742) war der erste, der die Kometen vom
Jahre 1531, 1607 und 1682 als verschiedene Erscheinungen
eines und desselben Kometen nachwies, seine Umlaufszeit
betrage etwa 76 Jahre, und er sei 1759 wieder zu erwarten, was
sich auch wirklich bestätigte, sowie seine spätere Wiederkehr
1835. Der Halleysche Komet gehört also zum Sonnensystem. Von
Biela, Enke, Olbers, Winneke wurden bald darauf ebenfalls
andere Kometen als periodisch erkannt. Jetzt zählt man etwa 24.

Dazu kam 1781 die Entdeckung eines neuen größeren
Planeten durch **Herschel.** Dieser hatte sich vom hannoverschen

Regimentsmusiker, als der er mit seinem Vater und Geschwistern
nach England übersiedelte, zum bedeutenden Astronomen
ausgebildet. Bei seiner Durchmusterung des Himmels fand er
einen auffallenden Stern, der, sobald am Fernrohr Vergrößerungen angewandt wurden, nicht das punktförmige Bild der Fixsterne zeigte, sondern sich entsprechend vergrößerte. Er hielt
ihn zuerst für einen Kometen. Durch andere, darunter Laplace,
wurde er überzeugt, daß der neuentdeckte Stern ein neuer
Planet sei, dessen Bahn weit außerhalb der des Saturn liege.
Nach mancherlei Vorschlägen einigte man sich auf den Namen
Uranus.

    Endlich erfolgte, gleich im Beginn des neuen Jahrhunderts,
1. Januar 1801, die Entdeckung des ersten der Planetoiden,
Ceres, durch Piazzi, der sich bis 1807 noch drei weitere anschlossen, die Entdeckungen der Pallas, der Juno und der Vesta.
Pallas und Vesta wurden durch Olbers entdeckt. Die Entdeckung der Ceres und Pallas war wohl zufällig. — Gauß lieferte
schon damals die Methoden zur Berechnung der Bahn — als
man aber erkannte, daß diese kleinen Planeten in der schon
Kepler aufgefallenen Lücke zwischen Mars und Jupiter (§ 84)
stehen und ihre geringe Größe in Betracht zog, glaubte man
damals an einen in Trümmer gegangenen Planeten und Olbers
suchte planmäßig nach ähnlichen kleinen Weltkörpern. Er
fand nur noch die Vesta. Von 1845 an brachte die Bearbeitung
von Sternkarten, die Sterne noch kleinerer Größe enthielten,
jedes Jahr mehr und mehr neue Planetoiden zur Kenntnis
und infolge der Anwendung der Photographie durch den Heidelberger Astronom Wolf, 1891, wuchs die Anzahl der bis 1924
entdeckten Planetoiden auf über 979. Vor Wolf haben Palisa
und Charlois die meisten Planetoiden entdeckt.

§ 76. Zodlakallicht, Meteore und Sternschnuppen. Weitere Entdeckungen und Beobachtungen bereicherten das Sonnensystem. Das
Zodlakal- oder **Tierkreislicht** wurde von Cassini in Paris und einem
seiner Gehilfen Fabio von 1683 an eifrig beobachtet. Später wurde es
vernachlässigt und erst seit Alex. v. Humboldt wieder regelmäßig verfolgt und zum Sonnensystem gehörig erkannt (§ 88), wie dies von Fabio
vermutet wurde. Ebenso traten seit Beginn des 19. Jahrhunderts die
Meteorsteine und Sternschnuppen in den Kreis der Forschung.
Nicht nur im Altertum, sondern bis ans Ende des 18. Jahrhunderts wurden
sie wissenschaftlich so gut wie gar nicht beachtet. Anaxagoras hielt

den 465 v. Chr. zu Aegospotamois gefallenen Meteor für ein von der Sonne
heruntergefallenes Stück und schloß aus seiner Beschaffenheit, daß diese
ein glühender Eisenklumpen wäre. Von einigen arabischen Gelehrten
werden mehrfach Steinfälle berichtet und beschrieben. Zu Beginn der
Neuzeit bildet der bekannte Schweizer Jakob Scheuchzer (1673 bis
1733) eine rühmliche Ausnahme, indem er zu aufmerksamer Beobachtung
der beiden Naturerscheinungen aufforderte und alle Nachrichten über sie
sammelte. Die Pariser Akademie wollte bis 1803 von Steinfällen nichts
wissen. Chladni, ein deutscher Physiker, der sich hauptsächlich durch
seine Leistungen in der Akustik hervortat, wurde verlacht, als er 1794 in
der Schrift: „Über den Ursprung der von Pallas gefundenen und ähnlichen
andern Eisenmassen" die Feuerkugeln und Meteore für etwas Kosmisches
hielt. Man hielt das Phänomen einfach physikalisch für unmöglich und
glaubte nicht daran, bis 1803 Biot einen Steinregen bei l'Aigle (Dep. de
l'Orne) unabweisbar konstatierte.

Der kosmische Ursprung der Sternschnuppen, die man vorher
für fallende Sterne oder brennende schweflige Dünste und Gase hielt,
wurde 1800 durch zwei Göttinger Studenten, Brandes und Benzenberg,
nachgewiesen, die systematische Beobachtungen angestellt hatten, um ihre
Entfernungen, Geschwindigkeiten und Bahnen zu berechnen. Größere
Aufmerksamkeit schenkte man ihnen allgemein erst, als Alex. v. Humboldt
in Amerika einen Sternschnuppenregen sah. Genaue Beobachtungen und
Registrierungen ließen erkennen, daß die Sternschnuppen, die sporadisch
in jeder Nacht gesehen werden können, in gewissen Zeiten in dichten
Schwärmen auftreten, so daß in wenigen Stunden Tausende gezählt werden können. Zeichnet man die Bahnen der einzelnen eines Schwarmes in
Karten auf und verlängert sie nach rückwärts, so kommen sie alle aus
einem Ort am Himmel, die einen z. B. aus dem Sternbild des Löwen, die
andern aus dem Sternbild des Perseus. Die Sternschnuppen eines Schwarmes müssen also alle den gleichen Ursprung haben. Ferner fand man,
daß diese Schwärme periodisch wiederkehren, so besitzen die Leoniden
eine Periode von etwa 33 $\frac{1}{4}$ Jahren, in der Weise, daß 1799, 1833, 1866, 1899,
und zwar immer im November, also an einer bestimmten Stelle der Erdbahn, ein Maximum ihres Erscheinens zu beobachten war, während sie
in den Zwischenzeiten für eine Reihe von Jahren ganz ausblieben. Daraus
ergibt sich, daß diese Schwärme die Sonne in bestimmten charakteristi-
schen Bahnen umkreisen, welche die Erdbahn an bestimmten Punkten
kreuzen oder ihr wenigstens sehr nahe kommen. Die Bahn einzelner
Schwärme wurde sogar als identisch mit der Bahn bestimmter Kometen
nachgewiesen. Der Zusammenhang der Kometen mit den Sternschnuppen
wurde am deutlichsten erkannt, als der nur durchs Fernrohr sichtbare
Bielasche Komet, der eine Umlaufzeit von 6 $\frac{1}{2}$ Jahren besaß und noch
im November 1845 normal aussah, sich vor den Augen der Beobachter
zu teilen anfing. 1852 waren beide Teile deutlich getrennt und erschienen
am Himmel als schwach leuchtende Nebelwolken. Jetzt macht er sich
nur noch als zwei Sternschnuppenschwärme bemerkbar. Die Meteore,

an und für sich dunkle Massen, kommen erst beim Eindringen in die Erdatmosphäre in Höhen von 100—150 km mit etwa 70 km Geschwindig-keit durch die Reibung mit der Luft zum Aufglühen.

§ 77. Eigenbewegung der Sonne und Sterne, veränderliche und Doppelsterne, Sternhaufen und Nebel. Die Verbesserung der Linsen der astronomischen Fernrohre und die Verfeinerung der Vorrichtungen, mit denen man immer genauere Winkel-ablesungen ermöglichte, hatte auch wichtige Entdeckungen am Fixsternhimmel zur Folge. Tobias Mayer in Göttingen fand die Eigenbewegung einiger Sterne, die allerdings uns so klein erscheint, daß sie erst nach Tausenden von Jahren eine wesentlich andere Gruppierung der Fixsterne erkennen lassen würde. Wilhelm Herschel veröffentlichte bereits 1783 die Eigenbewegung der Sonne gegen das Sternbild des Herkules zu. Er stellte nämlich fest, daß dort die Sterne auseinander treten, wie die Bäume in einem lichten Walde, die in der Richtung stehen, nach der man sich hin bewegt, während sie sich in der entgegengesetzten Richtung zusammenschließen.

Im Anfang des 19 Jahrhunderts fing man an, die Fixsterne photo-metrisch (u. a. Steinheil) und spektroskopisch zu untersuchen, wobei den veränderlichen Sternen ganz besondere Aufmerksamkeit geschenkt wurde.

Der Mannheimer Astronom Christ. Mayer war der erste, der die physische Zusammengehörigkeit nahe beieinander stehender Sterne be-hauptete. Er hatte etwa 80 Paare Doppelsterne gefunden, die nach ihm Doppelsonnen hießen. Wilh. Herschel konnte dann 1782 einen Katalog von 269 Nummern solcher binären Systeme vorlegen. Später, im 19. Jahr-hundert, erkannte man bei einigen Sternen, wie dem Sirius oder dem Procyon, periodische Bewegungen, die sich am besten dadurch deuten lassen, daß sich diese Sterne, wie schon Bessel glaubte, mit einem dunkeln, sehr großen Planeten um einen gemeinsamen Mittelpunkt drehen, so daß sich die Auffassung der Sterne als Sonnen, die von Planeten umkreist werden, zu bewahrheiten scheint (siehe Giordano Bruno). Die Ent-deckung der Fixsternenparallaxe (§ 72) fällt auch in diese Zeit. Zu diesen Problemen treten dann die Untersuchungen über Sternhaufen und Nebelflecke, die möglicherweise Weltensysteme für sich bilden, hinzu, und endlich wird die Erforschung der Zusammensetzung und physika-lischen Beschaffenheit der Fixsterne, vor allem der Sonne und ihrer Planeten, durch Beobachtung und sogar durchs Experiment nachhaltig gefördert. Die Photometrie, Spektroskopie und Photographie leisten der ersteren die wichtigsten Dienste. Experimente und Untersuchungen über das Verhalten der Stoffe bei den extremsten Temperaturen und Drucken, wie man sie im Laboratorium nur herstellen kann, werden zur Unterstützung beigezogen.

Während diese exakten Forschungen unsere Vorstellungen über die Verteilung der Weltkörper im Himmelsraum und ihre Natur immer mehr klärte und die Konturen unseres jetzigen Weltbildes im großen wie im kleinen immer deutlicher und schärfer wurden, suchten Naturforscher und Philosophen sich ein Bild von der Entstehung der Welt, von ihrer Vergangenheit, ja sogar von ihrer Zukunft zu machen. Descartes war der erste, der diese Frage wieder aufnahm (§§ 65 u. 103). Im nächsten Jahrhundert folgten die Hypothesen von Kant, 1755, und 40 Jahre später die von Laplace, welche die Grundlage und der Ausgangspunkt für eine große Reihe von Hypothesen von Forschern der neueren Zeit bilden. Sie halten allerdings, wie auch die Kant-Laplacesche Hypothese, den Berechnungen der theoretischen Mechanik nach neuesten Untersuchungen zum geringsten Teil stand.

§ 78. Die planetarischen Störungen. Neptun. Die theoretische Astronomie war in diesem Zeitabschnitt durch **Laplace** wesentlich gefördert, ja, zu einem gewissen Abschluß gebracht worden. In den Bahnen der Planeten wurden manche Unregelmäßigkeiten beobachtet, so daß schon Zweifel an der Richtigkeit der Keplerschen Sätze und des Gravitationsgesetzes laut wurden. Da zeigte nun Laplace, daß gerade diese Unregelmäßigkeiten ein Beweis für die Gültigkeit des Gravitationsgesetzes sind. Schon Newton machte darauf aufmerksam, daß, wenn zwei Planeten sich sehr nahe kommen, sie sich aus ihren Bahnen etwas abziehen müßten. Diese gegenseitigen Störungen der Planeten mit ihren Monden untereinander machte nun Laplace in seinem Hauptwerk „Mécanique céleste" zum Gegenstand der sorgfältigsten Untersuchungen. Er zeigt, wie unter dem Einfluß der gegenseitigen Anziehung der Planeten ihre elliptischen Bahnen doch bestehen bleiben, nur daß ihre großen Achsen sich langsam drehen, Exzentrizität, Neigung und Knoten der Bahnen sehr geringen Änderungen unterworfen sind, aber nach Jahrtausenden wieder zur alten Lage zurückkehren, so daß die Stabilität im Sonnensystem vorherrschend ist. Ebbe und Flut, Präzession und Nutation werden ebenfalls eingehend behandelt. Für die Präzession ist hier noch einiges nachzutragen. Infolge der säkularen planetarischen Störungen ist die Schiefe der Ekliptik auch nicht konstant. Nach Lagrange (geborener Italiener, war 20 Jahre lang Direktor der Berliner Akademie, seit Friedrich d. Gr. Tode wirkte er in Paris) soll sie 29400 v. Chr. ein Maximum 27° 31′, 14400 v. Chr. ein

Minimum 21° 20', dann wieder 2000 v. Chr. ein Maximum 23° 53'
gehabt haben, nun folgt eine Abnahme bis 6000 n. Chr. auf
22° 54' und dann wieder ein Wachsen bis 19300 n. Chr. auf
25° 21'. Daher kann der Himmelspol auch nicht einen Kreis
um den Ekliptikpol beschreiben, der Frühlingspunkt auch nicht
stets um den gleichen Betrag vorrücken.

Der größte Triumph der theoretischen Astronomie war
die Entdeckung des Planeten Neptun. Störungen in der
Bewegung des Uranus hatten einige Astronomen, darunter auch
Herschel, Arago und Bessel aufmerksam gemacht und auf die
Vermutung gebracht, es möchte noch jenseits des Uranus ein
weiterer Planet sich befinden. Die beiden Astronomen **Leverrier**
und **Adams** unterzogen sich der Aufgabe, aus den Störungen
des Uranus den Ort des zu suchenden Planeten zu berechnen.
Beider Arbeiten waren von Erfolg gekrönt. Der Berliner Astronom **Galle** fand 1846, kaum drei Wochen nachdem er Leverriers
Rechnungen zugeschickt erhalten hatte, den neuen Planet, der
den Namen Neptun erhielt.

§ 79. Die Gravitationskonstante. Aus der Reihe der Methoden, diese Größe zu bestimmen, die mit der Cavendi-
schen Drehwage 1793 beginnen, soll hier die einfachste von
Jolly 1878 angewendete beschrieben werden. Eine mit Quecksilber gefüllte Glaskugel $m_1 = 5009,49$ g wird mittels einer sehr
empfindlichen Wage gewogen. Dann wurde eine Bleikugel
$m_2 = 5775200$ g unter sie geschoben, so daß der Abstand
der Kugelmittelpunkte 56,85 cm betrug. Dadurch wurde die
Quecksilberkugel ein wenig heruntergezogen. Um wieder das
vorherige Gleichgewicht herzustellen, war das kleine Über-
gewicht $p = 0,000599$ g nötig. Damit war die Gleichung:

$$\text{Kraft in Dynen} = 0,000589 \cdot 980,61 = \frac{5009.49 \cdot 5775200}{56,85^2} \cdot \varkappa$$

gegeben, aus der sich $\varkappa = 0,6684 \cdot 10^{-7}$ ermitteln läßt.

**§ 80. Die anziehende Wirkung einer Kugel auf einen außerhalb
liegenden Massenmittelpunkt.** Vorausgeschickt sei folgendes: Um den
Scheitel eines (schmalen) Pyramidenmantels seien konzentrische Kugeln
mit dem Radius z, z_1, z_2 usw. gelegt. Die Flächenstücke, die der Mantel
auf den Kugeln ausschneidet, seien f, f_1, f_2 usw. Dann ist

$$\text{I.} \quad \frac{f}{z^2} = \frac{f_1}{z_1^2} = \frac{f_2}{z_2^2} = \ldots \omega = \text{Konstante.}$$

Nun ist z. B. (den Raum um die Pyramidenspitze herum denke man sich mit lauter Pyramiden ausgefüllt) $\Sigma f = 4\pi z^2$ also:

$$4\pi = \frac{\Sigma f}{z^2} = \Sigma \frac{f}{z^2} \text{ oder}$$

$$\text{II. } \Sigma \omega = 4\pi.$$

Fig. 48. Nun stelle der Kreis um O eine homogene Kugelschale von der sehr kleinen Dicke Δ, der Dichte σ und dem Radius r dar. Im Punkt P sei die Masse m konzentriert. Die Kräfte k, die die Massenteilchen der Kugelschale auf P ausüben, können alle in zwei Komponenten parallel OP und senkrecht dazu zerlegt werden, von denen die letzteren sich wegen der Symmetrie gegenseitig aufheben. Die ersteren haben eine Resultante

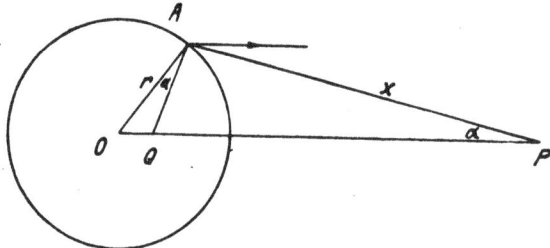

Fig. 48. Massenanziehung einer Kugel.

längs OP gleich der Summe der Einzelkomponenten. Sei nun in A ein Flächenteilchen Φ, sein Abstand von $P = x$, so ist dessen Masse $\Phi \cdot \Delta \cdot \sigma$ und die zwischen A und P wirkende Kraft

$$K = \frac{x \cdot \Phi \cdot \Delta \cdot \sigma \cdot m}{x^2}.$$

Ihre Komponente auf OP ist

$$K_1 = \frac{x \cdot \Phi \cdot \Delta \cdot \sigma \cdot m \cdot \cos \alpha}{x^2},$$

wenn α der Winkel zwischen x und OP ist. Ferner sei Q der konjugierte Pol zu P, so daß $OQ \cdot OP = r^2$. Dann ist $OAQ \backsim OPA$. $\sphericalangle OAQ = OPA = \alpha$, mithin

$$\text{III. } \frac{QA}{r} = \frac{x}{OP}.$$

Endlich sei noch um Q mit $QA = z$ als Radius eine Kugel gelegt und das Flächenstück Φ auf diese Kugel von Q aus projiziert, die Projektion sei f, dann ist $\Phi \cdot \cos \alpha = f = z^2 \omega$ (I). Damit wird

$$K_1 = \frac{x \cdot \Delta \cdot \sigma \cdot m \cdot \Phi \cos \alpha}{x^2} = \frac{x \cdot \Delta \cdot \sigma \cdot m \cdot z^2 \omega}{x^2}$$

uud wegen III.

$$= \frac{x \cdot \Delta \cdot \sigma \cdot m \cdot r^2 \cdot \omega}{OP^2}. \text{ Folglich}$$

$$\Sigma K_1 = \frac{x \cdot \Delta \cdot \sigma \cdot m \cdot r^2 \Sigma \omega}{OP^2}.$$

Wegen II. ist $\Sigma\omega = 4\pi$ und $4\pi r^2 \cdot \varDelta \cdot \sigma$ ist die Masse der ganzen Kugel-schale um O. Also ist

$$K_1 = \frac{\varkappa \cdot M \cdot m}{OP^2};$$

d. h. die Masse der Kugelschale wirkt auf P, wie wenn sie in O konzentriert wäre. Eine Vollkugel kann man aber aus konzentrischen Kugelschalen bestehend denken, und wenn die Dichten in der Kugel so verteilt sind, daß die Dichte der einzelnen Schale jeweils homogen ist, dann wirkt auch die Vollkugel auf einen außerhalb liegenden Massenmittelpunkt, wie wenn ihre Gesamtmasse im Mittelpunkt läge. In gleicher Weise kann dann P als Massenmittelpunkt einer zweiten Kugel gedacht werden.

§ 81. Bestimmung der Masse der Himmelskörper. 1. Die Erdmasse kann leicht gefunden werden, denn sie zieht die Masse eines Gramm im Abstand vom Mittelpunkt gleich dem Erdradius mit der Kraft 981 Dyn an, folglich

$$981 = \frac{\varkappa \cdot 1 \cdot M_e}{6370^2\,\mathrm{km}};\quad M_e = \frac{637^2 \cdot 10^{12} \cdot 981 \cdot 10^{11}}{6684} = 5{,}957 \cdot 10^{27}\,\mathrm{g}$$
$$= 5{,}957 \cdot 10^{21}\,\mathrm{t}.$$

2. Die Masse eines Zentralkörpers, d. h. entweder der Sonne, die von Planeten, oder eines Planeten, der von einem Monde umlaufen wird, kann auf folgende Weise gefunden werden. M und m seien die Massen des Zentralkörpers bzw. des um-kreisenden Planeten oder Mondes; r sein Abstand vom Zentral-körper und T seine Umlaufszeit, dann ist die Kraft, mit der sich beide Körper anziehen, auch gleich der Zentripetalkraft des letzteren, also

$$\frac{\varkappa \cdot M \cdot m}{r^2} = \frac{4\pi^2 r \cdot m}{T^2}\quad \text{oder}\quad M = \frac{4\pi^2 r^3}{\varkappa T^2}.$$

Diese Formel kann auch zur Berechnung der Masse der Erde benutzt werden, wenn T und r Umlaufzeit und Abstand des Mondes ist.

3. Das Verhältnis der Masse der Sonne zu der eines Planeten, der einen Mond hat, oder das Verhältnis zweier Planeten, die von einem Mond umlaufen werden, ergibt sich aus 2.

$$M_1 : M_2 = \frac{r_1^3}{T_1^2} : \frac{r_2^3}{T_2^2},$$

wo M_1 und M_2 die Massen der beiden Zentralkörper, r_1, r_2,

T_1 und T_2 die Radien der Bahnen und Umlaufszeiten der sie umkreisenden Körper sind.

4. Für die Masse eines Mondes ergibt sich folgende Beziehung. M und m seien die Masse eines Planeten und seines Mondes, r dessen Abstand und T seine Umlaufzeit. Nun erfährt jeder der beiden Weltkörper eine Beschleunigung zum gemeinsamen Schwerpunkt; die des Planeten ist $\frac{\varkappa \cdot m}{r^2}$, die des Mondes $\frac{\varkappa M}{r^2}$ nach dem bekannten Satz:

$$\text{Beschleunigung} = \frac{\text{Kraft}}{\text{Masse}}.$$

(Kraft für jeden Körper $\frac{\varkappa M \cdot m}{r^2}$ dividiert beim einen durch M, beim andern durch m.)

Die Beschleunigung des Mondes zum Planeten ist daher

$$\frac{\varkappa (M + m)}{r^2}$$

und diese ist nach dem Gesetze der Zentralbewegung $\frac{4\pi^2 r}{T^2}$. Daraus folgt

$$m = \frac{4\pi^2 r^3}{\varkappa T^2} - M$$

(vgl. § 74).

Anmerkung 1. Diese Beziehung besteht auch zwischen Sonne und Planeten. Seien nun M, m_1, m_2 die Massen der Sonne und zweier Planeten, r_1 und r_2, T_1 und T_2 deren Abstände von der Sonne und Umlaufszeiten, dann bestehen die Gleichungen

$$M + m_1 = \frac{4\pi^2 r_1^3}{\varkappa T_1^2} \quad \text{und} \quad M + m_2 = \frac{4\pi^2 r_2^3}{\varkappa T_2^2}$$

und daraus

$$\frac{T_1^2 (M + m_1)}{T_2^2 (M + m_2)} = \frac{r_1^3}{r_2^3}.$$

Diese Formel ist das von Newton verbesserte dritte Keplersche Gesetz.

Anmerkung 2. Für die Beschleunigung eines an der Oberfläche frei fallenden Körpers ergeben sich folgende Beziehungen. Einmal ist die Beschleunigung $\gamma = \frac{\varkappa \cdot m}{R^2}$, wenn m und R die Masse und der Radius des die Beschleunigung hervorrufenden Weltkörpers sind. Hat dieser Weltkörper einen Mond mit dem Abstand a und Umlaufszeit T, dann ist dessen Beschleunigung zum Zentralkörper $\gamma_m = \frac{4\pi^2 a}{T^2}$. Anderseits ist

$$\gamma : \gamma_m = \frac{1}{R^2} : \frac{1}{a^2}, \quad \text{folglich} \quad \gamma = \frac{4\pi^2 a^3}{R^2 T^2}.$$

C. Das Sonnensystem.

§ 82. Allgemeine Übersicht. Das Sonnensystem besteht a) aus dem Zentralkörper, der Sonne, deren Masse die der gesamten zu diesem System gehörigen Weltkörper um mehr als das 700fache übertrifft; b) den vier inneren oder kleineren Planeten Merkur, Venus, Erde, Mars; c) mehr als 979 Planetoiden; d) den vier äußeren oder großen Planeten, Jupiter, Saturn, Uranus und Neptun; e) 27 Monden und f) etwa 24 Kometen. (Figur 49).

Die Helligkeit, mit der sie uns erscheinen, schwankt natürlich mit der Änderung ihrer Abstände von der Erde.

Für die Abstände der Planeten von der Sonne hat bereits Kepler (§ 60) ein Gesetz gesucht. 1766 stellte Titius dafür die Formel $a = 4 + 3 \cdot 2 \cdot n$ auf, wobei für n der Reihe nach die Werte 0, ½, 1, 2, 4, 8 usw. gesetzt werden müssen. Die sich daraus ergebenden Werte passen ganz gut, doch ist das erste Glied 0 zu keiner geometrischen Reihe gehörig. Setzt man $a = 4 + 3 \cdot 2^n$ und läßt n die Werte — 1, 0, 1, 2 usw. durchlaufen, so stimmt der für Merkur gefundene Wert auch schlecht, ebenso $4 + 3 \cdot 2^7$ für Neptun. Bedeutungsvoll ist jedoch, daß die Lücke zwischen Mars und Jupiter mit dem Wert $4 + 3 \cdot 2^3$ die Astronomen veranlaßte, nach einem Planeten an dieser Stelle zu suchen. Die ersten Planetoiden schienen der Reihe zu genügen. Tatsächlich aber nehmen die 979 bekannten nicht nur den ganzen Platz zwischen Mars und Jupiter ein, sondern einzelne greifen über die beiden Grenzen hinaus.

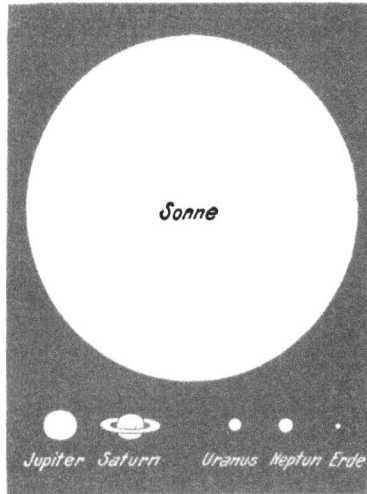

Fig. 49. Größenverhältnisse im Sonnensystem.

Die Exzentrizitäten sind verschieden. Merkur hat eine verhältnismäßig sehr große $= 0,2$. Die der andern größeren Planeten schwankt zwischen 0,093 (Mars) und 0,006 (Venus). Bei den Planetoiden ist sie meist unter 0,2, doch kommen auch größere Werte vor (bis 0,38), während bei einigen auch nahezu Kreisbahnen beobachtet werden.

Die Neigung der Bahnen gegen die Ekliptik ist bei den äußeren Planeten gering, am größten bei Saturn, $2\frac{1}{2}^{0}$. Größer ist sie bei Venus, $3\frac{1}{2}^{0}$, und Merkur, 7^{0}. Noch größere Werte erreicht sie bei den Planetoiden mit 30^{0}, sogar 48^{0}.

Die großen Achsen sowohl wie die Knotenlinien, das sind die Schnittlinien der Bahnebenen mit der Ekliptik, drehen sich sehr langsam in entgegengesetztem Sinne des Uhrzeigers, ebenso bewegen sich alle Planeten in gleichem Sinne wie die Erde, vom Pol der Ekliptik aus betrachtet. Eine Rotation ist bei Merkur und Venus unsicher, bei der Venus dauert sie möglicherweise 24 Stunden. Uranus und Neptun sind zu weit entfernt, um daraufhin untersucht werden zu können. Erde und Mars besitzen eine kleine, Jupiter und Saturn eine große Abplattung, daher ist auch die Rotationsdauer dieser beiden beträchtlich kürzer als die der Erde. Über Rotation der Sonne siehe § 86. Die Rotation erfolgt in gleichem Sinne wie bei der Erde.

Mit Ausnahme des Merkur und der Venus besitzen die großen Planeten einen oder mehrere Monde, deren Bahnebenen zur Ekliptik und zur Bahnebene der Hauptplaneten verschiedene Neigung besitzen. Bei den Monden des Mars beträgt sie zwischen 25^{0} bis 26^{0}, bei den Jupitermonden I—VII nur wenige Grad. Jupitermond VIII u. IX, Phoebe des Saturn und der Mond des Neptun bewegen sich rückläufig. Die Bahnebenen der Uranusmonde stehen fast senkrecht auf der Bahn des Uranus.

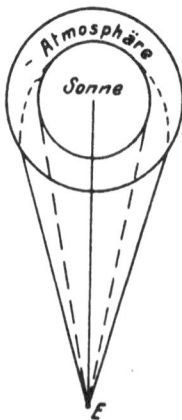

Fig. 50. Atmosphärische Strahlenbrechung auf der Sonne.

§ 83. Die Sonne. Ihre Zusammensetzung. Aus der Horizontalparallaxe der Sonne ergab sich als mittlere Sonnenferne 149,5 Millionen km, und aus mittlerem, scheinbarem Durchmesser 32′ folgt für ihren wahren Durchmesser 1 391 080 km = 109,05 Erddurchmesser. Daß Sonnen- und Monddurchmesser am Horizont größer erscheinen, ist noch nicht hinreichend erklärt. Die Sonnenmasse ist (astron. Kalender 1924) das 333 432 fache der Erdmasse, ihre Dichte somit = 0,257 der Dichte der Erde und = 1,42 der Dichte des Wassers. (Fig. 50). Da die Sonne, wie wir sehen werden, eine Atmosphäre hat, so können wir infolge der Strahlenbrechung in dieser sehr wahrscheinlich noch ein Stück der uns abgewendeten Sonnenseite sehen, ein Umstand, durch den wir vielleicht eine eigentümliche Erscheinung bei der Bewegung der Sonnenflecken erklären können.

Die Helligkeit der Sonnenscheibe ist 600000 mal so groß als die des Vollmondes und gleich 288000 Normalkerzen in 1 m Entfernung. Sie nimmt nach dem Rande zu ab. Die Abnahme ist für die einzelnen Spektralfarben verschieden,

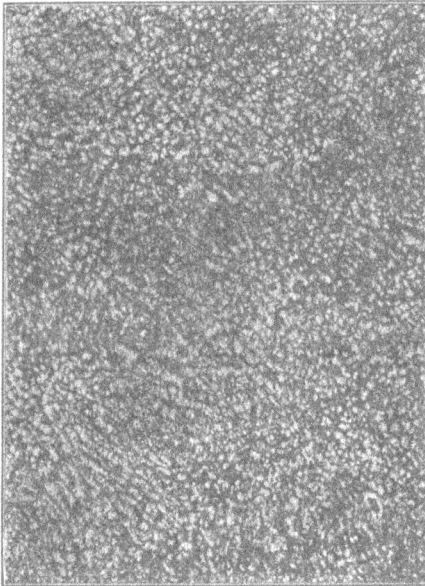

Fig. 51. Photosphäre.

am schwächsten für die roten, am stärksten für die blauen und ultravioletten, also für die photographisch wirksamen Strahlen. Der Grund für diese Abnahme der Helligkeit wird in einer Absorption derselben durch eine Sonnenatmosphäre gesucht. Die Randstrahlen haben eine dichtere Schicht zu durchdringen als die von der Mitte der Sonnenscheibe aus. Die von der Sonne in den Weltraum ausgestrahlte Wärmemenge ist zu $15 \cdot 10^{25}$ g Kal. in der Sek. bestimmt. 1 qcm der Erdoberfläche nimmt daher nur 0,05 g Kal. in der Sek. auf, wovon $\frac{1}{3}$ noch von der Erdatmosphäre absorbiert werden.

Die leuchtende Sonnenmasse, die **Photosphäre**, welche den völlig unbekannten Sonnenkern umgibt und durch berußte Gläser betrachtet werden kann, zeigt bei starker Vergrößerung ein körniges Aussehen, auf dunklem Grunde dicht gedrängt verschieden große helle Körner, die „Granulation". Von ihr geht das kontinuierliche Sonnenspektrum aus. Ihre Temperatur wird auf 5000⁰ bis 6000⁰ geschätzt. Die Fraunhoferschen Linien werden von ihrer äußersten kühleren Schicht als sog. „umkehrende Schicht" hervorgerufen. (Fig. 51). Diese macht sich

Fig. 52. Korona.

bei totaler Sonnenfinsternis einen Augenblick nach der völligen Bedeckung durch ein Emissionsspektrum, das **Flash-** oder **Blitzspektrum**, das aus den hellen Fraunhoferschen Linien besteht, bemerkbar. Aus den Fraunhoferschen Linien erkennt man, daß auf der Sonne fast alle irdischen Elemente vorkommen. Das Fehlen der Linien einiger Elemente, wie Antimon, Arsen, Bor, Brom, Chlor, Gold, Jod, Phosphor, Quecksilber, Radium, Schwefel, Wismut, beweist noch nicht das Fehlen dieser Elemente überhaupt, sondern nur ihr Fehlen in der umkehrenden Schicht.

Die Photosphäre wird von der **Chromosphäre**, die bei totaler Sonnenfinsternis in zarter rötlicher Farbe leuchtet,

umgeben. Nach E. Pringsheim wird die umkehrende Schicht
die das Flashspektrum erzeugt, zur Chromosphäre gerechnet,
in die sie ohne scharfe Grenze übergeht. (Fig. 52). Das Spektrum
der oberen Schicht zeigt die Wasserstoff-, Helium- und Kalzium-
linien, und außerdem die Linien eines auf der Erde unbekannten
Elementes, „Coronium" genannt, weil zuerst es in der Korona

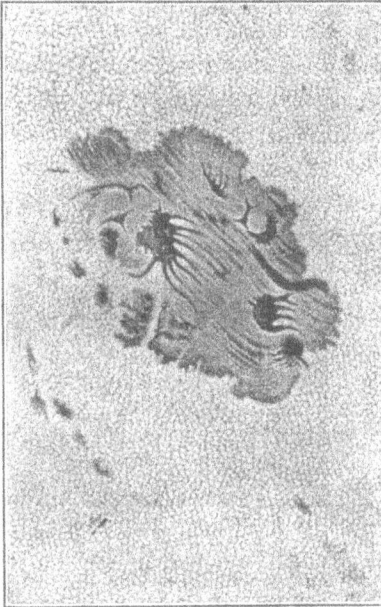

Fig. 53. Sonnenflecke.

entdeckt wurde. Die Höhe der Chromosphäre ist verhältnismäßig gering. Über ihr lagert wahrscheinlich die die Wärme-
und Lichtstrahlen absorbierende Atmosphäre.

Die äußerste Schicht ist die **Korona.** Sie erscheint bei
totaler Sonnenfinsternis als ein in mildem, perlfarbigem Lichte
leuchtender, die dunkle Mondscheibe umgebender Reif von
unbestimmter Grenze und stets anderer Größe und Form.
Aus dem Spektrum der Korona läßt sich schließen, daß sie aus
staubartigen, selbstleuchtenden Körperchen und auch aus solchen,
die Sonnenlicht reflektieren, besteht. Daneben treten glühende
Gase auf, deren Natur noch unbekannt ist. Die Ausdehnung der
Korona übertrifft häufig den Sonnendurchmesser.

§ 84. **Sonnenflecken, Fackeln, Protuberanzen, Rotation der Sonne.** Mit der Erfindung des Fernrohres wurden 1611 von Fabricius, Scheiner und Galilei die Sonnenflecken entdeckt. Sie sind von verschiedener Größe (ihre Weite übertrifft häufig den Erddurchmesser um ein Mehrfaches), stets wechselnder Form, bald langgestreckt, bald kreisförmig mit zerrissenem Rande. Die dunkle Mitte, die aber immer noch 1000 mal heller als der Vollmond ist, geht am Rande, der Penumbra, in die hellen Teile der Photosphäre über. (Fig. 53). Dieser Umstand gibt dem Fleck das Aussehen einer trichterförmigen Vertiefung, und dieser Eindruck wird erhöht, wenn die Flecken sich in der Nähe oder ganz am Sonnenrande befinden. Sie bewegen sich alle in bestimmter Richtung von Ost nach West, so daß schon Scheiner daraus auf eine Rotation der Sonne schloß (Fig. 54),

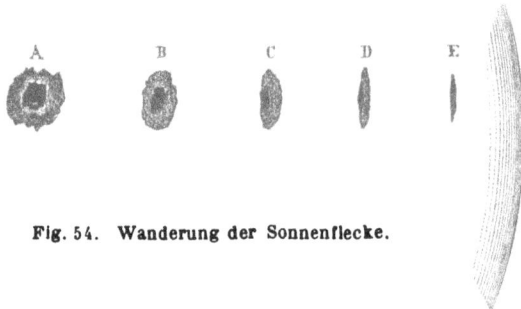

Fig. 54. Wanderung der Sonnenflecke.

deren Dauer etwas mehr als 25 Tage beträgt. Der Winkel des Sonnenäquators mit der Ekliptik ist etwa 7°. Die Sonnenflecken finden sich nur in einem Gürtel bis 35° beiderseits des Äquators. Scheiner beobachtete bereits, daß die Geschwindigkeit der Flecken am Äquator größer als in höheren Breiten ist. Nach Meisel läßt sich diese Erscheinung rein optisch mittels der Strahlenbrechung durch die Sonnenatmosphäre erklären. Nebenstehende Figur, die mit Fig. 50 zu vergleichen ist, gebe den Anblick der Sonnenscheibe, etwa vom Ekliptikpol aus gesehen. N sei der Nordpol, $ACEC'A'D$ der Äquator und NA ein Meridian der Sonne. Wegen der atmosphärischen Strahlenbrechung sehen wir ein größeres Stück der Sonnenfläche als die der Erde zugekehrte Hälfte, CC' begrenze die uns sichtbare Seite CEC' von der unsichtbaren CDC'. Die Sonnenflecken

bewegen sich in der Richtung des Pfeiles. (Fig. 55). Dann braucht *A*
dieselbe Zeit über *E* nach *A'* wie *B*, welches einen Punkt in
höheren Breiten darstellt, nach *B'*. Wäh-
rend *B* aber von der Erde schon gesehen
wird, tritt *A* erst an der Stelle *C* in unser
Gesichtsfeld und verschwindet bei *C'*,
während schon *B* vorher sichtbar war
und bei *B'* erst später verschwindet. *B*
oder die Orte in höherer Sonnenbreite
scheinen sich also langsamer zu bewegen.

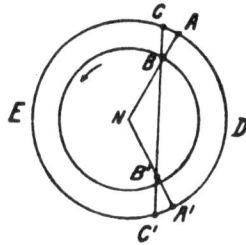

Fig. 55. Zur Erklärung der
rascheren Rotation des
Sonnenäquators.

Neben den Sonnenflecken treten Streifen auf, die heller als die Photosphäre sind,
eine Länge von oft Tausenden von Kilo-
metern haben und wechselnde Form und Helligkeit besitzen.
Es sind die sog. Fackeln. Flecken werden nach den neuesten
Anschauungen hervorgerufen durch gewaltige Wirbelbewegungen, durch die die Photosphärenmasse nach dem Innern zu
gestrudelt wird, während in den Fackeln stark erhitzte Teile
der Photosphäre in große Höhen hinaufgeschleudert werden.

Fig. 56. Protuberanzen.

Innerhalb der Korona erblickt man am Rande der völlig
dunkeln Mondscheibe die leuchtenden Protuberanzen, Gebilde, welche bald wie aufsteigender glühender Nebel oder
Rauch sich wolkenartig ausbreiten, oder büschel- und spring-
brunnenartig mit immenser Geschwindigkeit Hunderttausende
von Kilometern in die Höhe schießen. (Fig. 56). Ihr Spektrum zeigt

zumeist die hellen Wasserstofflinien. Die Chromosphäre wird als ihr Herd bezeichnet. Möglicherweise aber sind die Protuberanzen und Fackeln identisch.

Eigentümlich ist, daß 92% aller Sonnenflecken auf der der Erde abgewandten Seite der Sonnenscheibe stehen. Nur wenige wandern mehrmals um die Sonne herum. Sie verschwinden meist nach einer halben Rotation.

Ganz besonders wichtig scheint die Periodizität zu sein, mit der sie auftreten. Durchschnittlich findet während eines Zeitraumes von etwas mehr als 11 Jahren eine Zu- und Abnahme ihrer Zahl statt. Vornehmlich zeigen die Variationen in der Abweichung der Magnetnadel eine Einstimmigkeit mit der Sonnenfleckenperiode. Ebenso deutlich ist ein Zusammenhang mit den Polarlichtern zu erkennen, und wahrscheinlich werden auch elektrische und meteorologische Erscheinungen durch sie beeinflußt. So ist die Wärmestrahlung der Sonne in flecken- und fackelreichen Jahren größer als zu andern Zeiten. Doch sind nach neueren Untersuchungen die Wärmestrahlen der Flecken kühler als der übrigen Photosphäre.

§ 85. Physikalischer Zustand und Erhaltung der Energie der Sonne. Über die physikalische Beschaffenheit der Sonne sind natürlich mancherlei Vermutungen ausgesprochen und Theorien aufgestellt worden. Wilson und Wilhelm Herschel hielten den Sonnenkern für einen kühlen, dunkeln, festen, sogar bewohnbaren Körper, der von zwei wolkenartigen Schichten umgeben ist, einer inneren, dunkleren, und einer äußeren, Wärme und Licht strahlenden. Die Sonnenflecken wären dann Vertiefungen, Löcher, die durch beide Schichten hindurchgingen. Das Energieprinzip und die Spektralanalyse brachte diese Anschauung endgültig zu Fall. Nach Kirchhoff wäre die Sonne ein fester oder mindestens flüssiger Körper von außerordentlich hoher Temperatur, der von einer kühleren Gashülle umgeben ist. Die Sonnenflecken wären dann Wolken, die sich infolge der Abkühlung der Gase bis zur Undurchsichtigkeit verdichtet hätten. Zöllner erklärte die Sonnenflecken für schlackenartige Erstarrungsprodukte des feuerflüssigen Sonnenkerns. Der römische Astronom Secchi hielt die Lichtflecke der Granulation für die Spitzen von Flammen, die vom Sonnenkörper strahlenförmig in die Höhe schlagen. Die Sonnenflecken wären mächtige Dampfmassen, die durch irgendwelche Kräfte aus dem Innern der Sonne hervorbrechen, einen großen Teil des Lichtes absorbierend. Weil sie aber schwerer als die leuchtenden Partien, in die sie emporgeschleudert worden sind, sinken sie wieder zurück. Jetzt nimmt man meist an, daß das Äußere des Sonnenkerns zähflüssig von hoher Glut ist. In der sie umgebenden Dampfschicht haben sich durch Kondensation bereits eine Menge leuchtender Wolken gebildet: die Lichtflecken, die Granulation der Photosphäre. Die Sonnenflecken sind Wirbelbewegungen nach der Tiefe von großer Ausdehnung, in denen sich die Wolken wieder aufgelöst haben.

Die Frage, wie die Energiemenge der Sonne bei ihrer ungeheuren Licht- und Wärmeausstrahlung in den Weltraum erhalten bleiben kann, oder ob dieser Energievorrat einmal erschöpft sein wird, mag hier kurz gestreift werden. Aus der Anzahl und Größe der Meteorsteine, die auf die Erde fallen, läßt sich annähernd eine Vorstellung von den Meteormassen gewinnen, die in die Sonne stürzen. Rob. Mayer glaubte, daß diese Massen die ausgestrahlte Sonnenenergie zu ersetzen imstande sind. Genauere Berechnungen haben dies jedoch nicht plausibel gemacht. Nach Helmholtz wird der Wärmeverlust ausgeglichen dadurch, daß der Sonnenkörper sich zusammenzieht, also dichter wird, und infolge der Zusammenziehung neue Wärme erzeugt. Genauere Berechnungen haben auch diese Theorie stark erschüttert. Meteorstürze und Kontraktion können nicht die alleinigen Ursachen von Gewinnung neuer Energie für die Sonne sein. Möglicherweise findet man im Radium eine weitere Energiequelle.

§ 86. Das Zodiakallicht. Veränderliche Sterne und die Ausstrahlung der Sternschnuppen aus bestimmten Orten des Himmels waren den Alten unbekannt geblieben. Das Zodiakallicht wurde zuerst von Dom. Cassini und später wieder von A. v. Humboldt beobachtet. Man sieht es zumeist in den Tropen nach Sonnenuntergang und vor Sonnenaufgang in Sonnennähe. (Fig. 57). Es erscheint als spitzes Parabelsegment, dessen Achse mit dem Tierkreis (daher der Name) zusammenfällt und dessen Scheitel höchstens 80⁰ von der Sonne entfernt ist.

Da in höheren Breiten die Ekliptik mit dem Horizont nur kleine
Winkel bildet, bleibt es wohl infolge der Dämmerung unkennt-
lich. Sein Spektrum verrät voraussichtlich reflektiertes Sonnenlicht. Nach Seeliger ist die Sonne ähnlich dem Saturn von
einem Ring oder einer flachen Scheibe umgeben, die wie Rauch
oder eine Staubwolke aus feinsten Partikelchen besteht. Sie
wird durch die Gravitation und durch den Strahlungsdruck
(s. u.) im Gleichgewicht gehalten und greift in ihrer Ausdehnung

Fig. 57. Das Zodiakallicht.

noch über die Erdbahn hinaus. Das Zodiakallicht wäre dann
nichts anderes als das von diesen feinen Massen reflektierte
Sonnenlicht. Der Staubring würde nach Seeligers Berechnungen
die Störungen und Unregelmäßigkeiten in den Bahnen des
Merkur, der Venus und Erde und des Mars gut erklären.

§ 87. **Merkur und Venus** besitzen keinen Mond. Über die
Störungen in ihren Bahnen ist in vorigem Paragraphen gesprochen. Die Beobachtungsmöglichkeit ist für beide sehr ungünstig, da sie ja nur kurz nach Sonnenuntergang oder kurz

vor Sonnenaufgang zu sehen sind. Dies trifft besonders beim Merkur zu, dessen geringe Größe die Schwierigkeiten noch erhöht. Ihre Phasen wurden erst durchs Fernrohr entdeckt (Galilei). Als volle Scheibe erscheinen beide, wenn sie uns am weitesten entfernt, als Sichel, wenn sie uns am nächsten sind.[1]) Dem Merkur wird eine Atmosphäre abgesprochen, während Venus eine solche besitzt. Dies geht aus der Helligkeit hervor, mit der sie das Sonnenlicht reflektiert. (Die weißen Haufenwolken reflektieren das Sonnenlicht sehr intensiv, wo aber Wolken sind, muß auch Atmosphäre sein.) Auch machen sich am dunklen Rand der Venussichel Dämmerungserscheinungen bemerkbar. Nach dem Mailänder Astronomen Schiaparelli kehren beide Planeten der Sonne stets die gleiche Seite zu, doch wird dies bei der Venus von andern bestritten. Solange keine unveränderlichen Gebilde auf der Oberfläche des Planeten mit Sicherheit erkannt werden, ist es schwer, etwas Sicheres zu behaupten. Auch läßt sich bei einer Rotationsdauer von etwa 24 Stunden kaum entscheiden, ob einer geringen Verschiebung an der Planetenoberfläche, die nach 24 Stunden von der Erde aus bemerkt wird — die beiden Planeten können ja nur entweder an aufeinander folgenden Abenden oder Morgen beobachtet werden — eine ganze Rotation des Planeten vorausgegangen ist oder nicht. Die sichtbare Seite des Merkur zeigt (nach Arrhenius) viele Risse und Spalten (Verwerfungslinien). Die Temperaturunterschiede auf den beiden Seiten müssen abnorme sein. Da die Venus doch wahrscheinlich den gleichen Wechsel von Tag und Nacht wie die Erde hat, werden auf ihr die Verhältnisse wenigstens für eine niedere Lebewelt günstig sein. Trotzdem die Sonnenstrahlen die Wolken kaum durchbrechen, schützen diese den Planeten vor Ausstrahlung der Wärme, so daß die Temperatur auf ihrer Oberfläche sehr warm sein wird und keine großen Gegensätze zwischen kalter und heißer Zone bestehen werden. Gewaltige Niederschläge werden etwaige Landflächen zu morastigen Gebieten machen, so daß hier möglicherweise eine Pflanzen- und Tierwelt lebt, wie sie auf der Erde etwa zur Zeit der Steinkohlenformation bestand.

---

[1]) Ihre Phasen ergeben sich sehr einfach aus der Anschauung, die man mit Hilfe zweier Kugeln gewinnen kann, die sich um einen gemeinsamen Mittelpunkt drehen.

§ 88. Die Erde. Zeitgleichung. Von der Erde haben wir noch den Einfluß der wechselnden Geschwindigkeit bei ihrer Bewegung um die Sonne und der Neigung der Erdachse zur Ekliptik auf die Tageslänge nachzutragen.

$E_1 E_2$ bzw. $E_3 E_4$ in Fig. 58 seien die Wege, die die Erde etwa während eines Sternentages zur Zeit des Perihels bzw. Aphels zurücklegt. In E_2 muß sich die Erde noch um a drehen, damit ein voller Sonnentag beendet ist, in E_4 dagegen um den kleineren Winkel β. Es sind also die wahren Sonnentage zur Zeit des Perihels größer als zur Zeit des Aphels. Unsere mechanischen Uhren zeigen jedoch einen sich gleichbleibenden mittleren

$$\text{Tag} = \frac{1}{365,2422} \text{ Jahr.}$$ Demnach wären die astronomischen oder wahren

Sonnentage zur Zeit des Perihels länger, zur Zeit des Aphels kürzer als dieser mittlere Sonnentag, und nur an den Endpunkten des durch S gehenden Parameters der Erdbahn würden die Länge des wahren und mittleren Sonnentags übereinstimmen. So würden sich die Verhältnisse gestalten, wenn die Erdachse senkrecht auf der Ekliptik stünde. Die Schiefe der Ekliptik ändert die Sachlage wesentlich.

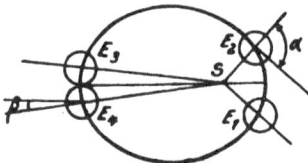

Fig. 58.
Erklärung der Zeitgleichung.

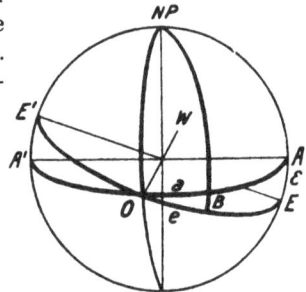

Fig. 59. Erklärung der Zeitgleichung.

Stelle in Fig. 59 OA den Äquator, OE die Ekliptik, NB einen Meridian vor. $\varepsilon = 23\frac{1}{2}°$ ist die Neigung der Ekliptik, a und e seien die Bogen, die der Meridian auf Äquator und Ekliptik von O aus begrenzt; dann ist $\operatorname{tg} a = \cos \varepsilon \cdot \operatorname{tg} e$. Läßt man nun die Bogen auf der Ekliptik von O aus um gleiche Stücke, z. B. einen Grad, wachsen, so ergibt sich folgendes. Bei O entspricht dem Wachstum von e um $1°$ nur ein Wachstum von $55'$ für a, bei E dagegen ein Wachstum von $1° 5' 21,6''$. Das Entsprechende findet natürlich auch an den Punkten W und E' statt. Es wird daher an vier Punkten, die zwischen O, E, W und E' liegen, das Wachstum der Bogen auf dem Äquator auch gleich $1°$ sein.

Nehmen wir nun an, die Erde durchlaufe auf der Ekliptik an den Sternentagen gleiche Bogen, dann würden auf der Erde, die ja während dieser Zeit um ihre Achse rotiert, bei O und W noch einige Bogenminuten zur vollen Rotation, also auch zur Vollendung des wahren Sonnentags fehlen, während bei E und E' die vollendete Rotation schon vor Beendigung des Sternentages eingetreten wäre; d. h. bei O und W sind die wahren Sonnentage länger, bei E und E' kürzer als die mittlere Tageslänge. Der

Umstand, daß die Erde auf der Ekliptik während eines Sternentags nicht genau gleiche Wege zurücklegt, ändert natürlich etwas aber nicht viel an den Folgen.

Beide geschilderten Umstände wirken zusammen in der Weise, daß tatsächlich nur an vier Tagen im Jahre der wahre Sonnentag gleich dem mittleren Tag = 24 Stunden ist. Diese Ungleichmäßigkeit äußert sich in den Tageslängen dadurch, daß auf dem 15. Meridian ö. v. Greenwich eine gut gehende mechanische Uhr, welche in genau $\dfrac{1}{365,2422}$ Jahren 24 Stunden angibt, nur viermal im Jahre Mittag 12 Uhr zur Zeit des wahren astronomischen Mittags zeigt. Im übrigen ist der astronomische Mittag bald später bald früher, der Unterschied zwischen beiden heißt **Zeitgleichung** und es besteht die Gleichung

$$\text{Mittlere Zeit} = \text{wahre Zeit} + \text{Zeitgleichung.}$$

Die Größen der Zeitgleichung sind positiv, wenn die mechanische Uhr der Sonnenuhr vorausgeht, im entgegengesetzten Falle negativ. Z. B. am 11. Februar 1914 betrug die Zeitgleichung für den 15. Meridian ö. v. Gr. $14^m\,25,2^{sek}$, mithin zeigte die mechanische Uhr $12^h\,14^m\,25,2^{sek}$ zur Zeit des wahren Mittags. Am 15. Mai betrug die Zeitgleichung — $3^m\,49,3^{sek}$; die Uhr zeigte im wahren Mittag $11^h\,56^m\,10,7^{sek}$.

Im bürgerlichen Leben macht sich diese Ungleichheit besonders dadurch fühlbar, daß am kürzesten Tag, also 21. Dezember, der Sonnenaufgang nicht am spätesten im Jahre, der Untergang am frühesten eintritt, vielmehr fallen die spätesten Aufgänge (7 Uhr 55) in die Tage vom 31. Dezember bis 5. Januar, die frühesten Untergänge (4 Uhr 04) auf den 10. bis 15. Dezember. Die frühesten Sonnenaufgänge (4 Uhr 01) sind an den Tagen von 13. bis 21. Juni, die spätesten Untergänge am 21. Juni bis 2. Juli (8 Uhr 02).

Daß eine richtig gehende mechanische Uhr die wahre Zeit nicht genau angeben kann, war den Astronomen lästig. Der Gothaer Astronomenkongreß, 1798, beschloß daher die Einführung der mittleren Zeit. In Genf hatte man damit schon 1780 begonnen, Berlin folgte 1810, Paris 1816.

§ 89. Drehung der Achsen der Erdbahn. (Stellung der Achsen und der Solstitiallinie siehe Tafel 2 in Atlas Dierke und Gäbler.)[1] Der Frühlingspunkt dreht sich, vom Nordpol der Ekliptik aus gesehen, mit dem Uhrzeiger (Präzession), die große Achse der Erdbahn dagegen nach Laplace infolge des störenden Einflusses der Planeten en'gegen dem Uhrzeiger. Es beträgt die Verschiebung gegen den Frühlingspunkt in 10 Jahren + 10′ 17,1″. Gegenwärtig ist der Winkel der großen Achse mit der Solstitiallinie (die Verbindungslinie der Punkte der Erdbahn, an denen die Erde an den beiden Solstitien, 21. Dezember und 21. Juni, steht) 11° 13′.

---

[1] Überhaupt sind die Figuren der Tafeln 1—3 im gen. Atlas oder im Schulatlas von Sydow-Wagner recht oft beizuziehen.

Das Perihel entfernt sich bereits vom Wintersolstitium nach dem Frühlingspunkt zu. Doch ist es ihm noch nahe genug, so daß infolge der größeren Geschwindigkeit die Erde zur Zeit des Perihels das Winterhalbjahr auf der nördlichen Erdhälfte kürzer als das Sommerhalbjahr ist. Dies wird sich aber ändern. Eine einfache Rechnung: $\frac{360^0 \cdot 10}{10'17''}$ ergibt, daß in einem Zeitraum von etwa 21000 Jahren die große Achse in bezug auf den Frühlingspunkt eine Rotation ausgeführt hat. Vor etwa 650 Jahren $= \frac{11^0 13' 7'' \cdot 10}{10'17''}$ fiel Perihel mit dem Wintersolstitium zusammen, nach und vor 10500 Jahren dagegen mit dem Sommersolstitium. Dann sind auf der nördlichen Halbkugel die Winterhalbjahre länger als die Sommer. Welche Folge dies auf das Klima hat, ergibt sich leicht.

Die Zeit, die die Erde von Perihel zu Perihel braucht, heißt das anomalistische Jahr, es ist noch etwas länger als das siderische Jahr. Die Berechnung ergibt sich aus der Verschiebung des Perihels gegen Frühlingspunkt und aus Präzession.

§ 90. Polschwankungen, Änderung der Exzentrizität. Von der Veränderlichkeit der Schiefe der Ekliptik wurde § 78 gesprochen. Zu dieser kommen noch Polschwankungen hinzu, die durch Lageveränderung der Achse innerhalb der Erde bedingt sind. Sie wurden bereits von Bessel vermutet, aber erst seit 1888 durch Messungen bestätigt. Sie lassen sich wahrscheinlich durch die Massenumsetzung erklären, die innerhalb eines Jahres durch die abwechselnde Bildung und Schmelzung von Eismassen in den arktischen Zonen stattfinden, sowie durch Lagenänderung von Massen im Erdinnern und auf der Erdoberfläche, wie sie bei Eruptionen, Lavaergüssen und bei Erdbeben vorkommen.

Endlich möge noch ein Einfluß der Planeten erwähnt werden, nämlich die Änderung der Exzentrizität der Erdbahnellipse. Eine Prüfung der Rechnungen von Leverrier ergibt eine Schwankung der Exzentrizität $\varepsilon = \frac{e}{a}$ zwischen 0,07775 und 0,003314. Gegenwärtig ist sie 0,01675 $= \frac{1}{60}$, die Periode beträgt 24000 Jahre.

§ 91. Der Mond bewegt sich in einer Ellipse um die Erde; halbe große Achse 384415, 5 km $=$ 60,2778 Erdradien, Exzentrizität $=$ 0,0549. Die Mondbahn stellt sich im Sonnensystem als epizykloidenartige Linie dar, Ellipse über Ellipse. Die Abstandsverhältnisse des Mondes von Sonne und Erde, sowie das Verhältnis der Geschwindigkeiten der Erde und des Mondes sind derartig, daß die Mondbahn zur Sonne stets konkav, nie konvex ist, auch in den Teilen nicht, die innerhalb der Erdbahn liegen (siehe Dierke und Gäbler, Atlas) (Fig. 60). Der scheinbare Durchmesser des Mondes ist $=$ 31'5,2''; wirklicher

Durchmesser 3473 km; Neigung der Mondbahn zur Ekliptik $=$ 5⁰ 8′ 43,3″. Synodischer Monat $=$ Zeit zwischen zwei Vollmondstellungen $=$ 29^d 12^h 44^m 2,9^s; siderischer Monat $=$ Zeit zwischen zwei aufeinander folgenden Stellungen des

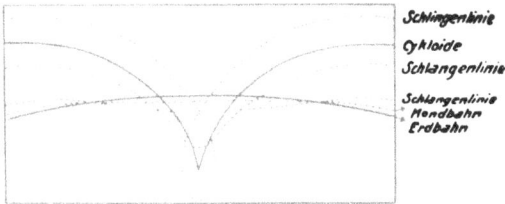

Fig. 60. Mondbahn.

Mondes im gleichen Meridian mit einem Fixstern $=$ 27^d 7^h 43^m 11,5^s; tropischer Monat $=$ Zeit zwischen zwei aufeinander folgenden höchsten Breiten des Mondes $=$ 27^d 7^h 43^m 4,7^s. Die große Achse, die Apsidenlinie, dreht sich täglich um 6′41,05″ dem Uhrzeiger entgegen, folglich: anomalisti-

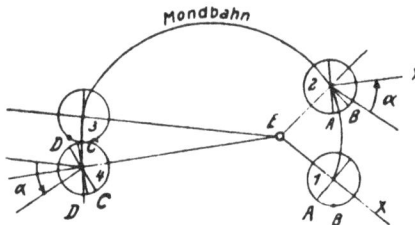

Fig. 61. Libration des Mondes.

scher Monat $=$ Zeit zwischen zwei aufeinander folgenden Erd-nähen (Perigäum) $=$ 27^d 13^h 18^m 35,712^s. Die Knotenlinie (Schnittlinie der Ekliptik mit der Mondbahn) dreht sich täglich um 3′ 10,63″ mit dem Uhrzeiger: drakonitischer Monat $=$ Zeit zwischen zwei entsprechenden Knoten $=$ 27^d 5^h 5^m 35,808^s. Mondmasse $= \frac{1}{79,667}$ der Erdmasse. (Berechne die Fallbeschleunigung auf dem Monde.)

Der Mond erhält sein Licht von der Sonne, und da seine Stellung zur Erde und Sonne wechselt, so sehen wir auch von ihm stetig wechselnde Licht-gestalten: Mondphasen (§ 19). Er kehrt der Erde stets die gleiche Seite zu. Folglich besitzt er eine Rotationsdauer gleich der siderischen Umlaufs-zeit. Nun ist aber seine Rotationsgeschwindigkeit konstant, die Geschwindigkeit auf seiner Bahn aber nach dem zweiten Keplerschen Satz nicht. (Fig. 61). Eine einfache Zeichnung lehrt dann, daß zur Zeit des Perigäums auf der rechten Mondseite ein schmaler Streifen der uns sonst abgewandten Mondseite uns noch zugewendet ist, zur Zeit des Apogäums dagegen auf der linken Seite. Ist nämlich a Rotationswinkel des Mondes zu gleichen Zeiten, in denen er die Wege $\overgroup{1\,2}$ und $\overgroup{3\,4}$ zurücklegt, so tritt, da $\sphericalangle\,1\,E\,2 > a$ der rechte Rand A bei 2 noch in den von der Erde aus sichtbaren Teil des Mondes. Der rechte Rand ist bei 2 bis B sichtbar. Bei 3 ist der linke Rand bis C sichtbar; bei 4 ist, da $\sphericalangle\,3\,E\,4 < a$, C auf die Vorderseite des Mondes getreten, während D von 3 bis 4 nach vorn an den Rand gerückt ist. Dazu kommt, daß die Rotationsachse des Mondes mit der Ebene der Mondbahn den Winkel 88^{0} 29,4' bildet, so daß bald der Nordpol, bald der Südpol des Mondes sichtbar wird. Diese Schwankung wird Libration genannt. Die erste Schwankung wurde 1637 von Galilei entdeckt, die zweite 1647 durch den Danziger Astronom Hewel, der durch seine genauen Messungen, die er stets ohne Fernrohr machte, bekannt wurde.

Die Eigentümlichkeit, daß der Mond der Erde immer die gleiche Seite zukehrt (vgl. Merkur und Sonne), wird von G. H. Darwin zu erklären versucht. In früheren Mondperioden war seine Oberfläche zum großen Teil noch flüssig. Es werden auf ihm daher auch Ebbe und Flut, hervorgerufen durch die nahe Erde, abgewechselt haben. Die Flutwelle ist aber der Rotationsrichtung entgegengesetzt und ihre Wirkung wird bei der verhältnismäßig kleinen Mondmasse größer gewesen sein, wie die der Flutwelle auf der Erde, so daß sie die Rotation bis auf ihren jetzigen geringen Betrag aufgehoben hat.

§ 92. Die Finsternisse. (Abbildungen im Atlas Tafel 2 D. G.) Bei der Bewegung des Mondes um die Erde kommt es im allgemeinen zweimal im Jahre oder genauer wegen der Drehung der Knotenlinie während 346,6 Tagen vor, daß die Knotenlinie durch die Sonne geht. Befindet er sich in diesen Zeitpunkten in den Knoten selbst oder in deren Nähe, so kann er entweder zwischen Sonne und Erde treten (z. Z. des Neumonds) und die Erde beschatten: Sonnenbedeckung, Sonnenfinsternis; oder in den Schattenkegel der Erde (z. Z. des Vollmondes): Mondfinsternis. Sonst befindet sich ja Neumond und Vollmond über oder unter der Linie Erde—Sonne. Je nachdem sich der Mittelpunkt des Mondes genau oder nur in der Nähe der Knotenlinie befindet, sind die Finsternisse total oder partial. Im letzteren Fall wird nur der obere oder untere Rand des Gestirnes verdunkelt. Es ist leicht einzusehen, daß von uns aus gesehen eine Mondfinsternis am linken östlichen

Rande des Mondes, eine Sonnenfinsternis am westlichen Rande
der Sonne beginnt. Da der Kernschattenkegel der Erde breiter
und länger als der des Mondes ist, kann bei totalen Mond-
finsternissen der Mond über zwei Stunden im Kernschatten der
Erde bleiben. Die Spitze des Kernschattens vom Monde liegt
dagegen bald außerhalb der Erde, oder berührt sie oder liegt
im Innern der Erde, so daß auf ihrer Oberfläche ein kleines
Schattenbild des Mondes entsteht, je nach den augenblicklichen
Abständen des Mondes, der Erde und der Sonne voneinander.
Im ersten Falle ist in dem Scheitelraum des Schattenkegels
von der Sonne ein Ring um die dunkle Mondscheibe zu sehen,
im zweiten und dritten Falle herrscht an der beschatteten
Stelle der Erde totale Sonnenfinsternis mit den in § 83 beschriebenen Erscheinungen. Der Beginn oder das Ende einer
Mondfinsternis wird von allen Orten der Erde gleichzeitig gesehen (§ 50, Hipparch und Galilei). Der Schattenfleck des
Mondes zieht dagegen allmählich von W nach O über einen
schmalen Streifen der Erde hin. Ekliptik, vom griechischen
ekleipein ausbleiben, gemeint das Sonnen- oder Mondlicht, wurde die scheinbare Sonnenbahn genannt, weil die
Finsternisse nur eintreten, wenn der Mond in ihr oder in
ihrer großen Nähe steht.

Die Chaldäer erkannten bereits aus Aufzeichnungen, die Jahrhunderte
zurückreichen, daß nach 223 synodischen Monaten = 6585,32 Tagen
= 18 Jahren 10,82 Tagen = 346,62 Tagen · 19 die Finsternisse in gleicher
Reihe wiederkehren. Sie nannten diese Zeit Saros.

§ 98. Physische Beschaffenheit. Die uns zugekehrte Seite des Mondes
zeigt völlige Starrheit und Leblosigkeit. Sie besitzt keine oder höchstens
nur eine äußerst verdünnte Atmosphäre, wie dies aus der scharfen Lichtgrenze, dem klaren Bilde seiner Oberfläche und dem Mangel jeder Lichtbrechung am Rande bei Berührung eines Fixsternes hervorgeht. Es fehlt
auch das Wasser, das ohne Luft in den Weltraum verdunstet. Die dunkeln
Flecke, die man schon im Altertum kannte und Veranlassung zu manchen
Mythen und Sagen gegeben haben, werden fälschlich „Meere" genannt.
Sie sind eher große glasige oder lavaartige Flächen, denn ihr Polarisations-
winkel kommt dem des Obsidian und Vitrophyr gleich, aber nicht dem
des Wassers oder Eises. Die der Oberfläche noch sonst eigentümlichen
Gebilde sind Gebirgsketten, einzelne Berge, Wallebenen, Ringgebirge,
Krater, sowie sprungartige Risse oder Rillen und tiefe, breite Furchen,
die ganze Gebirge quer durchsetzen. Die Berge erreichen nach den Messungen ihres Schattens sogar die Höhe von über 8000 m. Einzelne Ring-

gebirge besitzen Durchmesser bis 300 km, die Risse haben eine Länge
von 200 km. Alle Forscher führen die Formen der Mondoberfläche auf
vulkanische Ursachen zurück, doch sind die Ansichten im einzelnen ge-
teilt. Die vulkanische Tätigkeit scheint allerdings in der Gegenwart er-
loschen. Die klimatischen Verhältnisse sind von denen der Erde ganz
verschieden, wie sich dies aus dem Mangel der Atmosphäre und dem
krassen Beleuchtungs- und Wärmeunterschied (14½ Erdentage Sonnen-
schein und ebensolange Nacht) ergibt.

§ 94. Mars. Die Exzentrizität der Marsbahn, die etwas größer als
bei den übrigen großen Planeten außer Merkur ist, hatte bereits Kepler
aus dem tychonischen Beobachtungsmaterial erkannt. Huygens und
Dom. Cassini hatten bereits an der Oberfläche besondere Gebilde erkannt, aus deren Bewegung der letztere die Rotationsdauer des Planeten
berechnen konnte. Die Äquatorebene des Mars ist unter 25° gegen seine
Bahnebene geneigt, so daß Tageslängen und Zonen ähnliche Verhältnisse
wie auf der Erde haben, nur sind die Jahreszeiten doppelt so lang. Das Verhältnis der Helligkeit des reflektierten zum aufgefangenen Sonnenlicht
ist klein, was auf eine dünne, wolkenlose Atmosphäre schließen läßt.
Die Schärfe, mit der die Einzelheiten auf der Oberfläche gesehen werden,
bestärkt diese Annahme, ebenso der Umstand, daß die Schwerkraft infolge der kleinen Masse gering ist, die Gase verflüchten sich daher leichter
in den Weltraum. Jedoch zeigt die Verschwommenheit der Gebilde am
Rande die Anwesenheit der Atmosphäre. Auch haben spektroskopische
Untersuchungen mit Hilfe des Dopplerschen Prinzips das Vorhandensein
von Wasserdampf in der Marsatmosphäre bewiesen. Die besonders auffallenden Erscheinungen auf der Marsoberfläche sind die weißen Pol-
flecken, die hellen, rötlichgelben großen Flächen auf der nördlichen, die
dunkelgrauen auf der südlichen Marshälfte und die dunkeln Linien, welche
die hellen Flecken durchziehen. Da die weißen Flächen an den Polen im
Marssommer der betreffenden Zone verschwinden, hält man sie analog
den Eiskappen an den Erdpolen für Eis- oder Schneeflächen, die freilich
bei weitem nicht die Dicke wie auf der Erde erreichen. Die hellen rötlichen Flächen, die die rötliche Farbe des Mars hervorrufen, werden für
Land (vielleicht Wüstengebilde), die dunkelgrauen Flächen für Meer gehalten, die dunkeln Linien für Kanäle. Eine eigentümliche Erscheinung
ist die Verdoppelung dieser Kanäle, die der bedeutendste Marserforscher,
Schiaparelli, entdeckt hat. Nach Meisel können sie als eine rein optische
Erscheinung durch Lichtbrechung erklärt werden. Nach Arrhenius sind
die Kanäle gewaltige Risse oder Spalten (Verwerfungslinien wie auch beim
Monde), die zur Zeit ihres Sommers sich mit Wasser füllen und daher
dunkel erscheinen. Im Winter gefriert das Wasser zu und der rötliche, wohl
eisenhaltige Wüstensand, der von den benachbarten Wüstenflächen über
sie geweht wird, deckt sie zu.

Die Bewohnbarkeit des Planeten durch menschlich organisierte
Wesen ist lebhaft erörtert worden. Die Möglichkeit einer solchen ist be-

dingt 1. durch die Größe der Schwerkraft, 2. durch das Vorhandensein von Luft und durch deren Zusammensetzung, 3. durch das Vorhandensein von Wasser, 4. Nahrungsstoffen und 5. durch die Temperaturverhältnisse. Nach allem muß die Möglichkeit für den Mars, wenigstens für niedere Lebewesen, zugegeben werden.

§ 95. Jupiter. Die Planetoiden hielt Olbers für die Trümmer eines früheren zwischen Mars und Jupiter befindlichen Planeten. Daß ihre Bahnelemente, z. B. Exzentrizitäten, Neigung zur Ekliptik, mittleren Abstände, sehr verschieden sind, ist kein genügender Gegenbeweis.

Der größte Planet, Jupiter, dessen vier innere Monde Galilei entdeckte, läßt bei stärkerer Vergrößerung äquatoriale dunkle Streifen erkennen, deren Lage jahrelang ziemlich gleich bleibt, jedoch eine Veränderlichkeit zeigt, die möglicherweise mit der Sonnenfleckenperiode

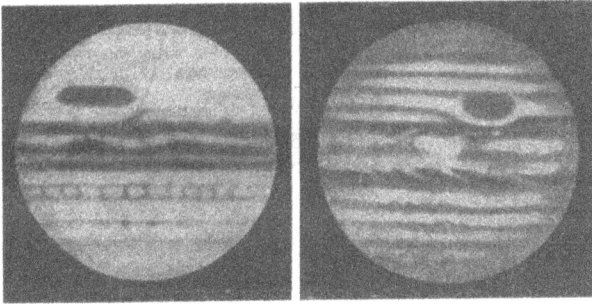

Fig. 62. Jupiter.

übereinstimmt. Die Streifen lösen sich auf, ein einziger am Äquator bleibt übrig, der sich dann wieder teilt. Außerdem treten dunkle Flecken auf, wie z. B. der braune Fleck, der jahrzehntelang mit wechselnder Form bestehen blieb. (Fig. 62). Die Natur dieser Gebilde ist ungewiß, wie überhaupt jeder Vergleich der Zustände des Jupiters mit denen der Erde ausgeschlossen ist. Die Helligkeit des Jupiters ist sehr groß, am hellsten ist er in der Äquatorzone. Dies läßt darauf schließen, daß die hellen Streifen aus dichten Wolkenschichten gebildet sind. Das Spektrum besitzt starke Absorptionsstreifen des Wasserdampfes und außerdem eine Linie, deren Natur unbekannt ist und sich auch in den Spektren der andern drei äußeren Planeten findet. Die Abplattung ist sehr groß, noch größer sind die des Saturn und Uranus. Die Rotationsgeschwindigkeit ist entsprechend groß. Der Äquator rotiert ähnlich wie bei der Sonne rascher als die höheren Breiten. Ob Jupiter einen festen Kern hat, ist zweifelhaft. Erscheinungen, die auf eigenes Licht schließen lassen, sind vielleicht auf vulkanische Tätigkeit zurückzuführen.

§ 96. Saturn. Auch über die physische Beschaffenheit des Saturn können kaum Vermutungen ausgesprochen werden. Seine Helligkeit,

die verhältnismäßig noch größer als die des Jupiters ist, läßt auf eine
dichte wolkenreiche Atmosphäre schließen. Die auffallendste Erscheinung
sind die Ringe, deren Ebene gegen die Ekliptik etwa um 28° geneigt ist,
so daß dieser Ring uns in sehr verschiedenen Formen erscheint, je nachdem

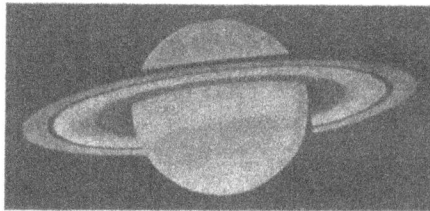

Fig. 63. Saturn.

die Erde in der Nähe oder in größerer Entfernung von der Verlängerung
der Schnittlinie dieser Ebenen ist (Fig. 63, 64). In letzter Stellung sah Galilei
mit seinem noch primitiven Fernrohr zuerst den Ring. Er erkannte aber nur
auf beiden Seiten des Saturn zwei Auswüchse, die er für unbewegliche Monde

Fig. 64. Saturn.

hielt. Nach einigen Jahren sah er zu seinem Erstaunen nichts auffallendes am
Saturn: die Erde lag in der Ebene des Ringes. Huygens war der erste,
der die Erscheinung richtig deutete, indem er 1659 schrieb, daß der Saturn
,,von einem dünen, ebenen, nirgends mit ihm zusammenhängenden, gegen

die Ekliptik geneigten Ring umgürtet wird". Jaq. Cassini erkannte eine Teilung des Ringes in zwei, Enke und andere fanden später weitere Teilungen in mehrere konzentrische Ringe. Cassini, der Enkel des zuletzt genannten und Urenkel des Dom. Cassini, der schon öfters erwähnt wurde, dann später Maxwell, haben den Ring wohl richtig als dichte Schar sehr kleiner Satelliten erkannt. Spektroskopische Untersuchungen haben mit Hilfe des Dopplerschen Prinzips diese Anschauung unterstützt, indem sie bewiesen, daß die äußeren Teile des Ringes dem Keplerschen dritten Gesetze entsprechend eine geringere Geschwindigkeit besitzen als die inneren, während das Umgekehrte der Fall sein müßte, wenn der Ring eine zusammenhängende Masse wäre.

Uranus und Neptun sind zu weit entfernt, als daß die Fernrohre Einzelheiten auf ihrer Oberfläche erkennen ließen, aus denen irgend etwas über ihre Natur geschlossen werden könnte.

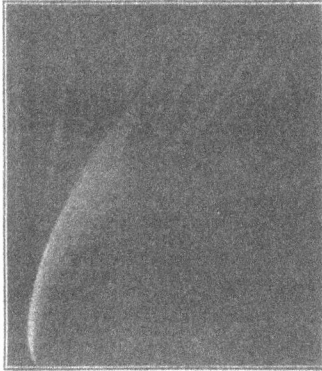

Fig. 65. Kometen.

§ 97. Kometen. Die ältesten Kometenbeobachtungen verdanken wir den Chinesen. Geschichtlich beglaubigt sind seit dem Beginn unserer Zeitrechnung etwa 500. Seit der Konstruktion guter Fernrohre sind über 350 Kometen entdeckt worden. Vierundzwanzig davon gehören unserem Sonnensystem an, in dem sie den Keplerschen Gesetzen folgen, stark exzentrische Ellipsen (Exzentrizität bis 0,9) um die Sonne beschreiben, deren Ebenen zur Ekliptik Neigungswinkel zwischen 0^0 und 180^0 besitzen. Die andern kommen aus fernen Welträumen in unser Sonnensystem, beschreiben infolge der Anziehung der Sonne, sogar auch der größeren Planeten parabolische oder hyperbolische Bahnen, um dann wieder für immer zu verschwinden. Die Schwierigkeit der Berechnung ihrer Bahnelemente liegt darin, daß sie meist nur zur Zeit ihres Perihels gesehen werden, ihre Sichtbarkeit fällt also in die Tageszeit oder kurz nach Sonnenuntergang bzw. vor Sonnenaufgang.

Man unterscheidet an einem Kometen meist Kopf und Schweif. Daher der Name Haarstern. Der Kopf läßt einen hellerleuchtenden Kern von großer Dichte erkennen, die von einer immer dünner werdenden Nebelhülle der „Koma" umgeben ist. Der Schweif bildet sich vielfach erst in Sonnennähe. Auf der der Sonne zugekehrten Seite tritt er aus dem Kern und der Hülle aus und biegt in einiger Entfernung nach hinten, d. h. aus der Richtung, aus der der Komet kommt (Fig. 65, 66). Der größte Teil des Schweifes ist also der Sonne abgewendet. Eigentümlich ist die Geschwindigkeit, mit der sich der Schweif am Perihel dreht. Manchmal pendelt er hin und her. Bei andern Kometen zeigt er eine schraubenförmige Struktur. Auch Kometen mit mehreren Schweifen oder Hüllen sind beobachtet worden. Hüllen und Schweife sind veränderlich. Die Hüllen dehnen sich aus und ziehen sich zusammen. Das Maximum der Schweiflänge findet in

Fig. 66. Kometen.

der Regel nach durchlaufenem Perihel statt. Es sind Längen von 250 Millionen km gemessen worden. Er erscheint auch als Hohlkörper, dessen Helligkeit nach außen zunimmt. Eine Lichtbrechung findet durch die Schweife nie statt.

Das Licht der Kometen und ihrer Schweife ist zum Teil reflektiertes Sonnenlicht, wie sich aus dem Spektrum und aus dem Umstand erkennen läßt, daß es polarisiert ist. Über dem Sonnenspektrum lagern sich auch breite Bänder, die das Vorhandensein von glühendem Kohlenwasserstoff, vermischt mit Kohlenoxydgas, beweisen. In großer Sonnennähe treten auch andere helle Linien wie die Natriumlinie auf.

Die Masse der Kometen ist gering, da sie keine Störungen in den Bahnen der Planeten und der Monde verursachen, während sie selbst von diesen stark beeinflußt werden. So schwankt die Umlaufszeit des

Halleyschen Kometen zwischen 75 bis 78 Jahren. Man hält es auch für möglich, daß die Monde der großen Planeten, welche rückläufige Bewegung besitzen, und deren Bahnebene starke Neigung zur Bahnebene des Planeten haben, eingefangene Kometen sind.

Nach allen Beobachtungen bestehen die Kometen wahrscheinlich gleich einer Staubwolke aus sehr vielen festen Körpern, die das Sonnenlicht reflektieren. In der Nähe der Sonne nehmen die, welche den Kopf bilden und sich auf der der Sonne zugewandten Seite befinden, eine so hohe Temperatur an, daß sie vergasen. Die Gase werden explosiv der Sonne zugeschleudert und biegen dann, untermischt mit Staub, den Schweif bildend, infolge des Strahlungsdruckes von der Sonne ab.

§ 98. Strahlungsdruck. Schon Euler vermutete (1746), daß die Wellenbewegung des Äthers eine mechanische Wirkung, einen Druck ausüben müßte. Newton, der Gegner der Wellentheorie des Lichtes, wollte es nicht gelten lassen. Erst Maxwell nahm die Frage wieder auf und zeigte zunächst, daß sich Wärmestrahlen in einen Druck umsetzen. Bald wurde dies Gesetz auch für Lichtstrahlen ausgesprochen und 1900 durch Messungen bestätigt. Arrhenius berechnete, daß bei Tropfen, deren Durchmesser größer als 0,0015 mm sind, die Gravitation überwiegt, bei kleineren Tropfen dagegen, deren Durchmesser nicht unter $^3/_{10}$ der Wellenlänge des auffallenden Lichtes ist, der Strahlungsdruck. Ist der Durchmesser noch kleiner, dann ist die Gravitation wieder größer. Ist der Durchmesser eines Tropfens gleich der Wellenlänge des auffallenden Lichtes, so ist der Strahlungsdruck das 19fache der Gravitation. Diese Berechnungen gelten für Tropfen vom spezifischen Gewicht des Wassers. Für den Strahlungsdruck gilt auch das Gesetz, daß er umgekehrt proportional dem Quadrat der Entfernung ist.

„Durch den Strahlungsdruck nun erklärt man heute die Bildung der Kometenschweife. Man denkt sich, daß durch die überaus intensive Bestrahlung, der der Komet in der Nähe seines Perihels ausgesetzt ist, und durch die dadurch bewirkte Ausdehnung, die den Kopf bildenden festen Körper in immer kleinere Teile zersprengt und schließlich in Wolken feinsten Staubes aufgelöst werden. Hat die Korngröße die oben angegebene Grenze, bei der Gleichgewicht zwischen Anziehung und Abstoßung eintritt, unterschritten, so überwiegt die Abstoßung und die Staubmasse wird von der Sonne weggetrieben. Daneben besteht die teilweise Vergasung der festen Teilchen durch die Sonnenstrahlen."

Auf die neueste Theorie, nach der die Kometenschweife als rein optische Erscheinung, hervorgerufen durch Strahlenbrechung, aufgefaßt werden, kann hier nicht eingegangen werden. Von Interesse ist, daß Kepler bereits ähnliche Ideen hatte. Der Umstand, daß sie immer von der Sonne abgewandt sind und sich am Perihel dementsprechend rasch drehen, brachten ihn darauf.

(Zusammenhang der Meteoren mit Kometen s. § 76.)

D. Der Fixsternenhimmel.

§ 99. Helligkeit der Fixsterne. Die auffallendsten Erscheinungen der Fixsternensphäre selbst waren von je die verschiedene Helligkeit der einzelnen Sterne und die Milchstraße. Mit Rücksicht auf die Helligkeit unterschied man schon früh verschiedene Größenklassen, ein unglücklich gewählter Ausdruck, der leicht zu Mißverständnissen führen kann. Denn die Helligkeit eines Sternes ist wohl dem Quadrat seines Radius direkt, aber anderseits dem Quadrat seiner Entfernung von der Erde umgekehrt proportional und jedenfalls noch abhängig von einer spezifischen Eigenart seines Lichtes. Es kann ein kleiner und absolut lichtschwacher Stern, der uns nahe ist, heller erscheinen als ein größerer, lichtstärkerer, aber weit entfernter Stern.

Mit Einführung der Photometrie lassen sich die Sterne in bestimmte Größen- oder Helligkeitsklassen einreihen. Mit bloßem Auge sieht man die Sterne bis zur 5. und 6. Größe. Mit dem Fernrohr erscheinen noch Sterne 14. Größe. Die scheinbare, also mit dem Photometer meßbare Helligkeit eines Sternes einer bestimmten Größe ist 2,5 mal größer als die der nächst höheren Größenklasse, oder die Helligkeit der folgenden Größenklassen ist das 0,4 fache der vorhergehenden. Sind J_1, J_2, J_3, J_4 usf. die Helligkeiten der Sterne 1., 2., 3., 4. usw. Größe, so verhalten sich die Helligkeiten

$$J_1 : J_2 \quad : J_3 \quad : J_4 \quad : J_\mu$$
$$\text{wie } 1 : 0,4 \quad : 0,4^2 \quad : 0,4^3 \quad : 0,4^{\mu-1} \text{ oder}$$
$$1 : \frac{1}{2,5} \quad : \frac{1}{2,5^2} : \frac{1}{2,5^3} : \frac{1}{2,5^{\mu-1}} \text{ oder}$$
$$1 : 2,5^{-1} : 2,5^{-2} : 2,5^{-3} : 2,5^{-(\mu-1)}.$$

Nun ist aber ein Stern 1. Größe noch nicht der hellste Stern. Daher läßt sich die Reihe auch nach rückwärts erweitern.

$$\begin{array}{ccccc} 2,5^{\mu+1} & 2,5^3 & 2,5^2 & 2,5^1 & 1 = 2,5^0 \\ 0,4^{-\mu-1} & 0,4^{-2-1} & 0,4^{-1-1} & 0,4^{0-1} & 1 \end{array}$$

Die entsprechenden Größenklassen sind:

$$\begin{array}{ccccc} -\mu & -2 & -1 & 0 & 1 \end{array}$$

So gelangt man zu negativen, aber auch zu gebrochenen Größenklassen. Ist die Helligkeit eines Sternes $2,5^6$mal größer als die des Normalsternes, so ist seine Größenklasse $\mu = -5$, denn

$$J = 2,5^6 \cdot J_1 = \frac{1}{2,5^{-(5+1)}} \cdot J_1 = \frac{1}{2,5^{-5-1}}.$$

Die Sonne ist von der Größenklasse $-26,6$, d. h. die Helligkeit ist $\frac{1}{2,5^{-26,6-1}}$, d. i. etwa das $96 \cdot 10^9$-fache der Helligkeit des Normalsternes.

Da man jetzt etwa von 200 Fixsternen die Jahresparallaxen, also auch ihre ungefähre Entfernung, kennt, so läßt sich auch deren absolute Helligkeit miteinander vergleichen. Sirius ist von der Größenklasse $-1,6$, seine scheinbare Intensität mithin $= 2,5^{2,6}$. Die Intensität der Sonne ist $2,5^{25}$mal größer. Die Entfernung des Sirius ist etwa 8,6 Lichtjahre. Daraus ergibt sich, daß seine absolute Helligkeit etwa 37 mal größer als die der Sonne ist.

§ 100. Die Milchstraße dachte sich Aristoteles durch atmosphärische Dünste hervorgerufen, sein Jünger Theophrast hielt sie für den Reifen, durch den die Himmelshalbkugeln zusammengehalten werden. Jedoch schon Demokrit vermutete, daß sie eine Anhäufung von Sternen sei. Galilei war der erste, der dies mit seinem Fernrohr bestätigen konnte. Einige Stellen in ihr konnten freilich bis jetzt auch durch die stärkste Vergrößerung nicht in Sterne aufgelöst werden. Im Gegenteil, Wolf in Heidelberg hat spektroskopisch nachgewiesen, daß wir es hier wirklich mit leuchtenden Gasmassen zu tun haben. Anderseits hielt schon die Schwester Wilh-Herschels einige dunkle Flecken innerhalb der leuchtenden Umgebung für undurchsichtige kalte Nebelmassen, was auch heute für richtig gilt.

Die Milchstraße verläuft wie ein größter Kreis (der galaktische Kreis) an den beiden Polen vorbei über den Himmel. Während Koppernikus noch den Himmel für eine Kugel hielt, brachte der Umstand, daß die Sterne sich nach der Milchstraße zu zusammendrängen, dagegen nach den Endpunkten der zur Ebene der Milchstraße senkrechten Geraden an Zahl geringer werden, schon Kant auf den Gedanken, das gesamte Universum für einen linsenförmigen Raum anzusehen, dessen äquatorialer Durchmesser die Achse der Linse um ein Mehrfaches an Länge übertrifft. Das Sonnensystem befindet sich nahe dem Mittelpunkt der Äquatorebene. Die Sterne seien ziemlich gleichmäßig im Universum verteilt. Vom Sonnensystem aus gesehen werden sich alle Sterne, die sich ebenfalls in oder ganz in der Nähe der Äquatorebene der Linse liegen, zu einem leuchtenden

Bande zusammendrängen. Die Nebelflecke hielt Kant für ferne
Fixsternensysteme. Lambert (Philosoph und Mathematiker,
geboren 1724 in Mülhausen i. Els., hervorragendes Mitglied der
Berliner Akademie, gest. 1777), der wie viele seiner Zeitgenossen
an die Bewohnbarkeit des Universums glaubte, hielt jeden Stern
der Milchstraße für eine von Planeten umgebene Sonne. Das
ganze Weltall besteht aus Systemen verschiedener Ordnung.
In jedem System drehen sich die Nebenkörper um einen Zentralkörper. Ein Planet mit seinen Monden ist ein System 1. Ordnung, ein Sonnensystem mit seinen Planeten ist ein System
2. Ordnung. Jeder Sternhaufen ist ein System 3. Ordnung;
das Milchstraßensystem, das viele derartige Sternenhaufen

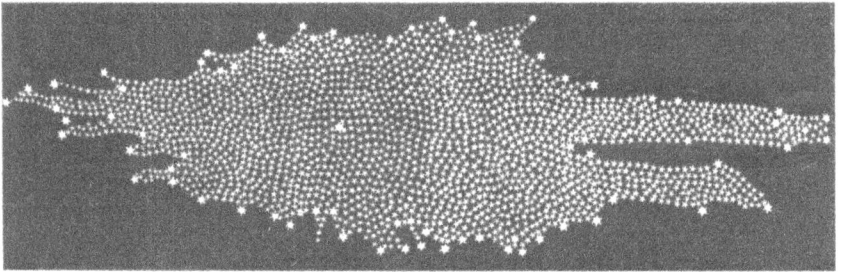

Fig. 67. Herschels Weltbild.

enthält, bildet ein System 4. Ordnung. Nebelflecke sind andere
Milchstraßensysteme, und alle diese bilden ein System 5. Ordnung.

Wilh. Herschel hatte die gleiche Vorstellung wie Kant.
Die Gabelung in der Milchstraße erklärt er als eine Spaltung der
Linse an einer Seite in zwei Lappen (Fig. 67). Die Zählung der
Sterne in den verschiedenen Zonen des Himmels bestärkte ihn in
der Ansicht, daß das Milchstraßensystem aus einer großen An-
zahl verschieden dichter Sternhaufen bestünde. Auch Seeliger
(München) hat ähnliche Vorstellung. Aus der Gabelung der
Milchstraße schlossen andere, daß die Milchstraße nach Analogie
der Spiralnebel eine spiralige Struktur besäße.

Aus Vergleichen der Farbe, Helligkeit und Parallaxe
bildete man sich auch eine Vorstellung von der Größe einzelner
Sterne. Darnach sind die Durchmesser der meisten zwischen
der Hälfte und dem doppelten des Sonnendurchmessers. Aber

auch 10- bis 100 fache Größen glaubt man bei einigen annehmen zu müssen. Die Zahl der Sterne bis 9. Größe wird auf etwa 400 000 geschätzt. Von der Eigenbewegung der Sonne und der Fixsterne ist schon früher gesprochen.

§ 101. Die Beschaffenheit der Fixsterne. Die Spektralanalyse hat einigermaßen Aufschluß über die Zusammensetzung, chemische Beschaffenheit und Temperatur der Fixsterne gegeben. Zunächst hat sich gezeigt, daß überall im Universum die Materie die gleiche ist. Wenn auch da und dort unbekannte Elemente auftreten, so ist damit noch nicht bewiesen, daß diese auf der Erde fehlen. Jedenfalls finden sich die irdischen Stoffe auch in den fernen Regionen des Weltraumes.

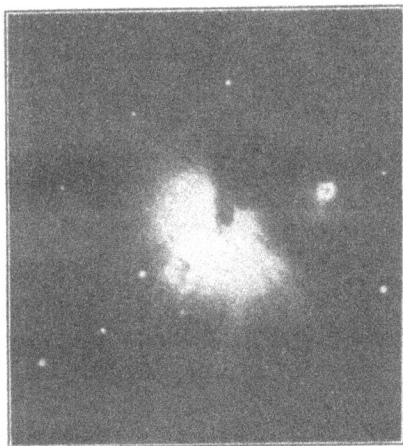

Fig. 68. Nebel.

Einer genaueren Beobachtung entgeht es nicht, daß in der Farbe der Sterne ein Unterschied besteht, es gibt weiße, gelbe und rötliche Sterne. Das Spektrum der weißen Sterne ist ein kontinuierliches mit Helium- und Wasserstofflinien, bei einigen fehlen die ersteren. Die Sterne bestehen wohl aus einer in höchster Temperatur glühenden Masse von etwa 25 000°, umgeben von einer Helium- und Wasserstoffatmosphäre. Beim nächsten Typus den gelben Sternen, treten die Wasserstofflinien mehr und mehr zurück, dafür treten Kalzium und, wie bei unserer Sonne, andere Metalle auf. Man kann sich denken, daß dieser Typus aus dem ersten durch Abkühlung entstanden ist, der Kern ist dichter geworden, in der Atmosphäre treten allmählich kühlere Dämpfe der andern Elemente auf, die Temperatur geht auf 7000° bis 5000° zurück. Bei noch weiterer Abkühlung wird die Atmosphäre dichter und es treten Verbindungen in ihr auf, die sich durch breite Bänder bemerkbar machen, so daß das eigentliche Spektrum des Kernes mehr und mehr verdeckt wird. Diesem Zustand entsprechen die rötlichen Sterne, die

8*

einen dritten Typus darstellen, die Temperatur wird auf 3000° geschätzt. Weitere Abkühlung würde zum völligen Verlöschen des Sternes führen, ein Zustand, dem nach dieser Anschauung alle Sterne, also auch unsere

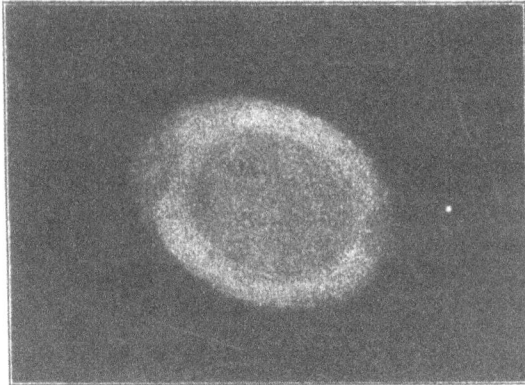

Fig. 69. Nebel.

Fig. 70. Spiral-Nebel in den Jagdhunden.

Sonne, zustreben. Neuere Forscher, wie Arrhenius, machen es übrigens plausibel, daß das Innere einer erloschenen Sonne, die sich mit einer Rinde von bestimmter Dicke überzogen hat, stets seine hohe Temperatur behalten kann, schlechte Wärmeleitung der Rinde und Aufnahme der Wärmestrahlung von anderen Gestirnen halten der Ausstrahlung das Gleichgewicht.

§ 102. Sternhaufen und Nebel. Die Zugehörigkeit dieser Massen zum Milchstraßensystem wird von einigen Astronomen bestritten. Aus dem Umstand, daß die Sternhaufen in der Nähe der Milchstraße häufiger sind, die Nebelmassen dagegen nach den Polen der Milchstraße an Zahl zunehmen, schließt See liger, daß immerhin eine Beziehung zwischen Milchstraße einerseits, Sternhaufen und Nebeln anderseits besteht. Die Gestalt beider ist sehr mannigfaltig (Fig. 68, 69, 70). Auch die Nebelmassen sind oft ganz unregelmäßig geformt, wie der Orion- und der Amerikanebel, manche sind scheibenförmig, andere zeigen eine auffallende Ring- oder Spiralform. Zu den letzten gehören der Andromedanebel, der Spiralnebel im Pegasus und der schönste von ausgeprägtester Form in den Jagdhunden.

Kosmogonien.

§ 103. Schöpfungsmythen. Die ältesten Versuche bis Descartes. Die Mythologien der meisten Völker enthalten Schöpfungsberichte, das sind Versuche, die Erschaffung oder Entstehung der Welt zu schildern. Naturwissenschaftlichen Wert besitzen sie natürlich nicht, denn in der Zeit, in der sie entstanden, gab es noch keine Naturwissenschaft. Es sind Dichtungen, die nur Zeugnis von der Lebhaftigkeit der Phantasie ihrer Begründer oder des Volkes, bei dem sie sich bildeten, ablegen. Höheren Wert haben die Gedanken, die von den griechischen Naturphilosophen überliefert sind. Sie lassen mehr auf den Grad der Naturerkenntnis des einzelnen schließen. Mit der Ausbreitung des Christentums wurde der Mosaische Schöpfungsbericht zum Dogma und damit hörte jeder weitere Forschungstrieb nach dieser Richtung auf. Die Verbreitung der koppernikanischen Lehre brachte auch hier eine Wandlung.

Descartes war der erste, der es wieder versuchte, das Entstehen der Welt, vornehmlich des Sonnensystems, mechanisch zu erklären. Er nimmt dreierlei Elemente an: 1. leuchtende, aus denen sich die Sonne und die Fixsterne zusammensetzen, 2. durchsichtige, aus denen der Himmel und 3. undurchsichtige, aus denen die Planeten und Kometen bestehen. Die Elemente oder Korpuskeln der ersten Art sind die kleinsten, die undurchsichtigen Korpuskeln die größten. In der ursprünglich gleichmäßig verteilten Materie entstand eine Wirbelbewegung[1]), in der die dunkeln Massen, die sich aus den undurchsichtigen Korpuskeln bildeten, in größere Entfernung vom Zentrum gerieten. Descartes kannte offenbar schon die Tatsache, daß schwere Körper eine Schwung- oder Fliehkraft besitzen. Die Rotation der Planeten ist entstanden aus den verschiedenen Geschwindigkeiten der kleinsten Teilchen. Neben diesen mechanisch unhaltbaren Vorstellungen hatte Descartes auch ganz modern klingende Ideen. Die Wärme ist bedingt durch die Bewegung der Korpuskeln. Die Flecken der Sonne sind Anzeichen von Krustenbildung, die immer

---

[1]) Demokrit nahm bereits Wirbelbewegungen seiner Atome an.

mehr zunimmt und mit dem völligen Verlöschen des Gestirns endet. Auch die Erde ist solch ein erloschener Stern.

Die Descartessche Wirbeltheorie kennt die Gravitation nicht, daher wurde sie auch durch Huygens und Newton bekämpft. Sie ist aber für die Nachfolger nicht ohne Einfluß geblieben. Von weiteren Theorien sind die von Kant 1755 und die etwa 40 Jahre jüngere von Laplace die bekanntesten.

§ 104. Kant- und Laplacesche Hypothese. Kant denkt sich den Weltraum anfangs erfüllt durch ein Chaos der Materie, in dem sich verschiedene Attraktionszentra, Stellen größerer Dichte befanden. Die übrige Materie drängte infolge der Gravitation zu diesen dichteren Massen, ihre Elastizität aber verhinderte das Zusammenballen in einen einzigen Körper, verursachte vielmehr eine Seitwärtsbewegung, die mit der Gravitation zur allgemeinen Rotation der Gesamtmaterie um den gemeinsamen Zentralkern, und der einzelnen dichteren Massen um ihre Achse führte. Aus dem Zentralkern bildete sich die Sonne, aus den übrigen Massen die Planeten und ihre Monde.

Laplace dagegen setzt die Rotation der glühenden Dunstmassen von ungeheuerer Ausdehnung, aus der sich unser Sonnensystem gebildet hat, voraus. Durch Abkühlung zieht sich der rotierende Gasball zusammen. Die Rotationsgeschwindigkeit wird dadurch größer und führt infolge der Zentrifugalkraft zur Loslösung eines äquatorialen Ringes. Dieser Ring zerreißt. Die ungleichen Dichten seiner Teile ruft das Zusammenballen des Ringes zu einem Planeten mit seinen Monden hervor. Bei der fortgesetzten Abkühlung und Zusammenziehung der übriggebliebenen Gasmassen innerhalb des ersten Ringes und der dadurch erfolgten rascheren Rotation lösen sich neue Ringe los, die zur Bildung weiterer Planeten führen. Die Sonne ist der glühende Rest dieser ursprünglich bis über den äußersten Planeten reichenden rotierenden Gasmasse.

Die Kantsche und Laplacesche Theorie unterscheiden sich also wesentlich voneinander und können nicht als eine Theorie bezeichnet werden.

Wiewohl sich in beiden ein Fortschritt in der Naturerkenntnis zeigt, sind auch sie mißglückte Versuche. Gegen Kant wird angeführt, daß es nicht leicht einzusehen ist, wie aus Gravitation und der widerstrebenden Elastizität die Rotation entstehen soll. Zwei entgegengesetzte Kräfte haben keine seitliche Resultante. Anderseits ist die Bildung eines Planeten aus der abgelösten Ringschicht mechanisch nicht gut zu erklären. Zudem müßten diese äquatorialen Ringe sich kontinuierlich bilden und nicht periodisch, wie es die Abstände der Planeten von der Sonne und untereinander verlangen. Nach neuesten Untersuchungen und Berechnungen von Fn. Noelke (Das Problem der Entstehung des Planetensystems) wäre es annehmbar, die Kantschen Ideen bei der Planeten-, die Laplacesche Idee bei der Mondbildung gelten zu lassen.

Eine Reihe nennenswerter Physiker, Chemiker und Astronomen beschäftigen sich eingehend mit diesen Fragen.

§ 105. Kosmogonische Theorien in der Folgezeit. Die neueren Fort-
schritte und Entdeckungen in der Astronomie, Physik, Chemie und Geologie regten zu immer weiteren Versuchen an, nicht nur die Entstehung des
Sonnensystems, sondern auch die Neubildung anderer Sonnensysteme
aus den Nebeln, sowie den Untergang ganzer Sonnen mit ihren etwaigen
Planeten zu erklären und verständlich zu machen. Eine Reihe nennenswerter Physiker, Chemiker und Astronomen beschäftigten sich eingehend
mit diesen Fragen. Unterstützt wurden diese Bestrebungen durch die
außerordentliche Entwicklung der Mathematik, der es gelang, immer
schwierigere Probleme der Mechanik aufzunehmen und zu lösen. Der
Ausbau der Molekular- und Atomtheorie, das Gesetz der Erhaltung der
Energie, die Sätze der mechanischen Wärmetheorie, die Theorien von den
Elektronen und vom Strahlungsdruck, die Eigenschaften des Radiums,
alles wird angewendet, um die Theorien von Kant und Laplace, auf die
man immer wieder zurückgreift, zu verbessern oder sie durch bessere zu
ersetzen.

Es soll nicht unterlassen werden, den Leser auf die beiden
uns zugänglichsten der neuesten Forscher nach dieser Richtung
hin aufmerksam zu machen, deren Ideen hier zu besprechen
zu weit führen würde; sie sind umfassend dargestellt in ihren
lesenswerten Schriften, Svante Arrhenius, Das Werden der
Welten, alte und neue Folge, und Der Lebenslauf der Planeten,
und L. Zehnder, Der ewige Kreislauf des Weltalls. Haben die
Namen der beiden Forscher auch nicht das ehrwürdige Ge-
präge eines Kant und Laplace, halten ihre Annahmen auch
nicht vor der Kritik der strengen Wissenschaft stand, so führen
sie uns doch am besten in die ganze Forschertätigkeit auf
diesem Gebiet ein. Sie tragen den Fortschritten der Wissenschaft nach jeder Beziehung Rechnung und stützen sich im
einzelnen auf peinliche Berechnungen und Experimente. Sie
dehnen auch ihre Betrachtung auf das ganze Universum aus.

§ 106. Wert der Weltentstehungstheorien. Der Wert
solcher Theorien liegt darin, daß sie ein Merkstein für die Fort-
schritte der Wissenschaft sind. Sie zeigen, wie weit die Wissenschaften im Zeitpunkt der Aufstellung der Theorien gelangt
sind. Sie geben die Summe der Erkenntnis, bis zu der man vor-
gedrungen ist. Sie reizen aber auch die Forschung zu weiteren
Untersuchungen an, und geben ihr Richtlinien, nach welchen
Seiten sie weiter zu arbeiten hat. Man darf aber nie vergessen,
daß wir im Laboratorium die Stoffe nie unter den extremen
Zuständen: absoluter Nullpunkt und Temperaturen von vielen

tausend Graden, oder unter so ungeheueren Drucken, wie sie im Innern eines Weltkörpers herrschen, beobachten können. Dazu kommt die kurze Spanne Zeit seit Beginn der naturgeschichtlichen Forschungen gegenüber den ungeheuren Zeiträumen, mit denen hier zu rechnen ist.

Trotz alledem liegt ein großer Reiz darin, sich über Vergangenheit und Zukunft unserer Welt Gedanken zu machen oder den Ideen der einzelnen Forscher, sie mögen anfangs noch so absonderlich klingen, nachzugehen und sie zu verfolgen. Wenn sie zielbewußt und folgerichtig durchgeführt sind, ergeht es uns bei ihrer Betrachtung, wie wenn wir in einen hohen Dom eintreten, dessen Größenverhältnisse uns anfangs überwältigen und dessen harmonische Linien uns erst nach langem Beschauen klar werden. Ein solches Bild von der Weltenbildung ist ein Kunstwerk, nicht immer wird es ganz und voll nach dem Geschmack eines jeden sein. Aber ein jeder wird es bewundern müssen. Mögen auch die Hypothesen, die Grundlagen der ganzen Theorie später durch neuentdeckte Erscheinungen und Tatsachen sich als unrichtig erweisen, das Kunstwerk bleibt bestehen und behält seinen Wert als Wahrzeichen seiner Zeit.

„Zweifellos besitzen wir auch jetzt nur die ersten Grundrisse einer Kenntnis der Sternenwelt und müssen deshalb mit Demokrit, Bruno, Herschel und Laplace annehmen, daß die noch unerforschten Räume in der Hauptsache denen gleichen, deren Untersuchung mit Hilfe vervollkommneter Instrumente zum Teil schon geglückt ist. Es erscheint in hohem Grade wahrscheinlich, daß die tiefere Einsicht der Zukunft uns in allen wesentlichen Punkten beistimmen und zugleich Möglichkeiten zu neuen kühnen Gedankenbauten eröffnen wird, von denen wir uns heute noch nichts träumen lassen. So werden sich unsere Kenntnisse stetig vervollkommnen, unsere Meinungen sich notwendig logisch weiter ausbilden aus dem, was die Forscher vorhergehender Geschlechter gefunden haben. Für den oberflächlichen Betrachter sieht es oft aus, als ob ein Gedankensystem das andere stürze, und man hört daher aus den der Naturforschung fernstehenden Kreisen oft die Behauptung, daß alle unsere Bemühungen, Klarheit zu finden, vergeblich seien. Wer jedoch den Gang der Entwicklung genauer verfolgt, wird zu seiner großen Befriedigung finden, daß unser Wissen wie ein großer Baum aus einem unansehnlichen Samen heranwächst, und wie wir stets Wachstum und Entwicklung desselben Baumes wiedererkennen, wenn auch jeder Teil, besonders das äußere Laubkleid, sich beständig erneuert, so können wir auch in unserer Naturanschauung leicht die leitenden Gedanken wiederfinden, welche diese Anschauung während des Jahrhunderte und Jahrtausende alten Wechsels der äußeren Verhältnisse kennzeichneten." (Arrhenius: Die Vorstellung vom Weltgebäude im Wandel der Zeiten.)

Tafel 1 (nach dem astronomischen Kalender 192?, Wien).

Planet	Halbe große Achse	Exzentrizität	Neigung zur Ekliptik	Siderische Umlaufszeit In Tagen	Siderische Umlaufszeit In Jahren	Äquatordurchmesser	Abplattung	Rotationsdauer in Tagen	Maße in Erdmassen	Volumen in Teilen des Erdvolumen	Dichte im Verhältnis zur Dichte des Wassers	Monde
Merkur	0,3870984	0,205615	7°0'10,9"	87,9693	0,2408	4842	—	87,9	0,06	0,05	5,63	—
Venus	0,7233302	0,006816	3°23'37,1"	224,7008	0,6152	12073	—	1?	0,82	0,88	5,19	—
Erde	1,0000013	0,016750		365,2564	1,0000	12756	$\frac{1}{298}$	23^h 56^m	1	1	5,56	1
Mars	1,5236781	0,093309	1°51'1,1"	686,9798	1,8808	6781	$\frac{1}{190}$	24^h 37^m	0,11	0,15	3,99	2
Ceres	2,7682	0,0786	10°37'	1682,4	4,606	653	—	—	—	—	—	—
Jupiter	5,202551	0,048335	1°18'31,1"	4332,589	11,8618	144580	$\frac{1}{15}$	9^h 55^m	318	1312,2	1,35	9
Saturn	9,554747	0,055892	2°29'33,1"	10759,23	29,4567	119746	$\frac{1}{10}$	10^h 29^m	95	762,9	0,69	10
Uranus	19,21814	0,046344	0°46'20,9"	30688,45	84,0189	59510	—	—	15	59,3	1,37	4
Neptun	30,10957	0,008997	1°46'45,3"	60181,3	164,7646	55334	—	—	17	71,9	1,33	1
Sonne						1391080	—	25^h 4^m	333432	1301161	1,42	—

Tafel 2.

Name	Mittlere Entfernung vom Mittelpunkt des Zentralkörpers	Exzentrizität	Neigung der Bahn gegen die Ekliptik	Siderische Umlaufszeit	Masse Zentralkörper = 1	Durchmesser in km
Erdmond	384 392	0,05490	5⁰ 8' 43,3''	27,32167	0,0123	3473
Mars						
Phöbos	9 328	0,03208	26⁰ 17,2'	0,31891	—	—
Deimos	23 473	0,00574	25⁰ 47,2'	1,26244	—	—
Jupiter			gegen die Jupiterbahn			
I	421 440	0,00000	3⁰ 5' 24''	1,76914	0,000045	3825
II	662 030	0,00000	3⁰ 4' 25''	3,55118	0,0000254	3390
III	1 070 000	0,001348	3⁰ 0' 28''	7,15455	0,0000799	5600
IV	1 875 000	0,007243	2⁰ 40' 58''	16,6890	0,00004504	4625
V	179 500	0,0050	Geg.d.Äquat. des Jupit.r 0⁰ 27'	0,49818	—	—
VI	11 380 000	0,1550	31⁰ 15'	250,611	—	—
VII	11 670 000	0,2073	30⁰ 32'	260,06	—	—
VIII	23 350 000	0,38	146⁰ 24'	738,9	—	—
IX	24 770 000	0,16	156⁰ 19'	800	—	—
Saturn			gegen die Ekliptik			
Mimes	185 380	0,01600	27⁰ 36'	0,942424	—	—
Enkeladus	237 700	0,00470	28⁰ 7'	1,370217	—	—
Tethys	294 500	0,00006	28⁰ 10'	1,887804	—	—
Dione	379 700	0,00310	28⁰ 10'	2,736916	—	—
Rhea	551 000	0,00080	28⁰ 8'	4,517492	—	—
Titan	1 221 400	0,02922	27⁰ 34'	15,945427	—	—
Hyperion	1 483 000	0,11885	27⁰ 5'	21,2673	0,002128	4400
Japetus	3 558 000	0,02844	18⁰ 58'	79,3294	—	—
Phöbe	12 950 000	0,1659	175⁰ 5'	550,44		
Themis	1 459 000	0,23	39⁰ 6'	20,85		
Uranus						
Ariel	206 300	0,020	97⁰ 58'	2,52038		
Umbriel	287 050	0,010	98⁰ 21'	4,14454		
Titania	445 500	0,00	98⁰ 45,8'	8,70590		
Oberon	586 050	0,00	98⁰ 28,6'	13,46326		
Neptunmond	363 300	0,007	142⁰ 40'	5,8768		

Register.

R.

Regiomontan 37, 38, 40.
Reich 42.
Rektaszension 15.
Renaissance 37.
Richer 43, 70.
Rotation der Erde 41.
— — Planeten 90.
Rudolfinische Tafeln 61.

S.

Salamanca 39.
Saros 105.
Saturn 62, 89, 107.
Scheinbare Mondbahn 17.
— Sonnenbahn 11.
Scheiner 62, 94.
Scheitelkreis 7.
Scheuchzer 82.
Schiaparelli 98, 99, 106.
Scholastik 36, 38.
Schöpfungsmythen 117.
Secchi 96.
Seeliger 98, 114, 117.
Sextant 9.
Siderisches Jahr 13.
— Monat 16, 103.
Skaphe 23.
Snellius 25.
Solstitium 13.
Sonne 11, 30—32, 89—97.
Sonnenabstand 30—32.
Sonnenbahn des Hipparch 32.
Sonnenfackeln 95.
Sonnenflecken 62, 94.
Sonnenparallaxe 70.
Sonnensystem 89.
Sonnenwende 13.
Sosigenes 13.
Sphärentheorie 9, 28—30.
Spiralnebel 116.
Steinheil 83.
Sternhaufen 83.
Sternkarten 81.
Sternkatalog 15, 33.
Sternschnuppen 81, 82.
Sterntafeln 48 (s. Ephemeriden).
Stevin 75.

Strabo 75.
Strahlenbrechung 9.
Strahlungsdruck 98, 111.

T.

Tagbogen 10.
Tag- und Nachtgleiche 13.
Teophrast 113.
Thales 2, 3, 21, 22.
Theodolit 6, 8, 9, 58.
Thomson 75.
Tierkreis 3, 12, 19.
Tierkreislicht 81, 97.
Timocharis 15.
Titiussche Reihe 89.
Trigonometrie 36—38.
Tropisches Jahr 13.
— Monat 17, 103.
Tycho Brahe 9, 28, 58, 68.

U.

Uhren 40, 43, 48.
Uranienburg 58.
Uranus 81, 89, 109.

V.

Vasco de Gama 38.
Venus 19, 71, 89, 98, 99.
Venusdurchgang 71.
Vertikalkreis 7.
Vesta 81.

W.

Wendekreis 11, 51.
Wilson 96.
Windrose 7.
Winkeleinteilung 24.
Winneke 80.
Woche 20.
Wolf 81, 114.

Z.

Zehnder 119.
Zeitgleichung 98—101.
Zenit 7.
Zirkumpolarsterne 3, 10.
Zodiakallicht 81, 97, 98.
Zöllner 96.
Zonen 53.
Zyklonen 42

www.ingramcontent.com/pod-product-compliance
Lightning Source LLC
Chambersburg PA
CBHW031446180326
41458CB00002B/664